U0142924

運算思維與程式設計

Web:Bit

陳新豐 ――――― 著

五南圖書出版公司 印行

自序——

　　《運算思維與程式設計：Web:Bit》這本書共分為八章，分別是介紹與說明運算思維的意涵、認識Web:Bit、基本類積木的應用、怪獸舞台的應用、邏輯類積木的應用、迴圈類積木的應用、音效類積木的應用、綜合類應用實作練習等。全書的結構是以初學者學習程式設計應用在物聯網（Internet of Things, IoT）環境中，以圖形方塊積木的方式來學習程式撰寫，並且配合抽象化、拆解、演算法、評估與歸納等運算思維的內涵來加以安排，首先第一章的內容是說明運算思維的內涵，並界定本書中所採用運算思維定義的來源，接下來即開始介紹本書所運用的工具Web:Bit，包括基本介紹、功能說明、編輯工具以及說明如何在網路的環境下操作Web:Bit，第三章至第七章則是開始介紹Web:Bit所使用的積木，並且每一章至少有四個實作練習，第三章分別是介紹基本類的積木，包括矩陣LED、文字類、顏色、偵測、按鈕、偵測光線與溫度、九軸體感偵測等積木，第四章分別是介紹Web:Bit中一個非常具有特色的四隻小怪獸所建構的舞台，可以提高許多使用者的學習動機與豐富學習的內涵，包括控制怪獸的基本操作以及互動與舞台等積木，第五章則是介紹邏輯判斷、變數、陣列與數學類積木等在IoT上的實作應用，第六章是說明迴圈類的積木應用，第七章則是語音與音效類、音樂與聲音類、網路廣播類積木，最後一章則是Web:Bit積木的綜合應用。綜括而論，本書介紹Web:Bit圖形方塊積木程式語言在程式設計中的應用，並且以配合實例來加以說明，本書中所有的範例資料檔請至作者個人網站中自行下載使用（http://cat.nptu.edu.tw）。

　　運算思維是面對問題以及解決問題的策略與方針，本書是以實務及理論兼容的方式來介紹程式語言，並且各章節均用淺顯易懂的文字與範例來說明程式設計中的設計策略，基本理念即是以「運算思維」為主軸，透過Web:Bit程式設計相關知能的學習，培養邏輯思考、系統化思考等運算思維，由實作

Web:Bit程式設計與實作，增進運算思維的應用能力、解決問題能力、團隊合作以及創新思考能力。對於初次接觸程式設計的讀者，一定會有實質上的助益，對於已有相當基礎的程式設計者，這本書讀來仍會有許多令人豁然開朗之處。不過囿於個人知識能力有限，必有不少偏失及謬誤之處，願就教於先進學者，若蒙不吝指正，筆者必虛心學習，並於日後補正。

　　最後，要感謝家人讓我有時間在繁忙的研究、教學與服務之餘，還能夠全心地撰寫此書。

陳新豐　謹識
2021年03月於國立屏東大學教育學系

目錄

Chapter

4

怪獸舞台的應用 037

Chapter

5

邏輯類積木的應用 061

Chapter

6

迴圈類積木的應用 079

Chapter 1
運算思維

運算思維的主要內涵包括模式的一般化、抽象化、系統化、符號系統、表示方法、演算法、結構化、條件邏輯、效率與執行限制、除錯等，而運算思維能力的培養，則需透過課程實施，引領學生建構能力，因此如何將運算思維的能力培養整合到課程之中是需要探入研究與探討的，以下為本書的第一章，將從運算思維的意涵、運算思維與教學的連結、應用以及運算思維對於未來影響等四個部分來說明運算思維，說明如下。

☆ 1.1　運算思維的意涵

　　十二年國民基本教育課程綱要科技領域的「壹、基本理念」中提到「資訊科技課程以運算思維為主軸，透過電腦科學相關知能的學習，培養邏輯思考、系統化思考等運算思維，並藉由資訊科技之設計與實作，增進運算思維的應用能力、解決問題能力、團隊合作以及創新思考的能力。」國民中學教育階段之課程著重於培養學生利用運算思維與資訊科技解決問題之能力，高級中等學校教育階段則逐步進行電腦科學探索，以了解運算思維之原理而能進一步做跨學科整合應用。此外，資訊科技課程亦須透過資訊科技相關之社會、人文與自然議題，建立資訊社會中公民應有的態度與責任感。因此，從上述中可以了解運算思維主要包括（1）運算思維包含邏輯思考、系統化思考等；（2）運算思維的應用能力，不同於解決問題能力、團隊合作以及創新思考的能力，亦即應具備運用運算工具之思維能力，藉以分析問題、發展解題方法，並進行有效的決策。

　　Wing（2008）在其「Computational thinking and thinking about computing」的文章中，提出運算思維（Computational Thinking, CT）是運用電腦科學的基礎概念進行問題求解、系統設計以及人類行為理解等涵蓋電腦科學之廣度的一系列思維活動，其認為運算思維就像讀、寫、算等能力，將成為21 世紀人類的根本技能。

　　2015 年 12 月美國國會通過《每個孩子都成功法案》（Every Student Succeeds Act, ESSA），取代過去 13 年主導美國教育方針的《別讓孩子落

後法案》（No Child Left Behind, NCLB），將「電腦科學」納入「通識教育」的一門學科，視其為全面教育的一環；2016 年總統歐巴馬再提出「全民電腦科學倡議」（Computer Science for All）政策，預計在未來 3 年投入 40 億美金經費，補助電腦科學教育，讓所有學生都能夠具備基本的程式編寫能力。美國電腦科學教師協會（Computer Science Teacher Association, CSTA）於 2011 年重新修訂的美國 K-12 電腦科學課程標準中，將運算思維視為貫穿整個資訊科學課程的主軸。CSTA 定義運算思維為一種「讓解決問題的方法可以利用電腦來實現」的思維方式，運算思維是指提出問題，並構思一個流程讓電腦或者是人類能有效解決問題的一個思考過程。

另外關於運算思維，英國教育部（2014）提出 Computing Progression Pathways 與 Computational Thinking Framework Map，其中 Computing Progression Pathways 的橫軸包括 Algorithms、Programming 與 Development、Data 與 Data Representation、Hardware 與 Processing、Communication 與 Networks、Information Technology 等六個面向，至於縱軸則是學生學習進展的八個階段，用不同的顏色表示，由上而下是由入門到進階，適用於英國學制中 KS1（一、二年級）、KS2（三、四、五、六年級）、KS3（七、八、九年級），至於在這個學習進程中，所運用的運算思維之概念，包括（1）AB = Abstraction（抽象化）；（2）DE = Decomposition（拆解）；（3）AL = Algorithmic Thinking（演算法）；（4）EV = Evaluation（評估）；（5）GE = Generalisation（歸納）等五個概念，當然這就是運算思維所包括的內涵範疇。

本書旨在透過 Web:Bit 的硬體來學習程式設計概念與運算思維技能，在運算思維的思維步驟中，包括有以下幾個主要的步驟。

(1)問題進行拆解（Decomposition, DE）：將一個任務或問題拆解成數個步驟或部分問題。

(2)找出問題規律（Pattern Recognition, EV）：找出問題中的相似之處，其規律的內涵，並且評估問題的可行性。

(3)歸納與抽象化（Pattern Generalization and Abstraction, GE & AB）：解決問題中只專注於重要的資訊，忽視無關緊要的細節。

(4)設計演算步驟（Algorithm Design, AL）：提出解決這問題的步驟、規則。

⭐ 1.2　運算思維與教學的連結

Barr 與 Stephenson（2011）在 "Bringing computational thinking to K-12: What is involved and what is the role of the computer science education community?" 一文中就提出運算思維可以應用在各種不同的學科領域中，例如：在數學領域中，可以使用代數的變數、辨識應用問題中的基本事實、研究代數函數與程式函數的比較、使用迭代來解決應用問題等都是運算思維元素中的抽象化的應用，又例如數學領域中利用長條圖、圓餅圖來表示資料都是運算思維中資料表示元素的應用。

教育部（2019）所提出之十二年國民基本教育課程綱要中對於資訊科技的學習內容，則藉由資訊科學的初步探索讓學生進一步理解運算思維之相關原理，以培養整合資訊科技與有效解決問題能力。因此，資訊科技學習內容包含六大面向：「演算法」、「程式設計」、「系統平台」、「資料表示、處理與分析」、「資訊科技應用」、「資訊科技與人類社會」等，分別說明如下：

(1)演算法：包含演算法的概念、原理表示方法設計應用及效能分析。

(2)程式設計：包含程式的概念、實作及應用。

(3)系統平台：包含各式資訊系統平台（例如：個人電腦、行動裝置、網際網路、雲端運算平台）之使用方法、基本架構工作原理及未來發展。

(4)資料表示、處理及分析：包含數位資料的屬性、表示轉換及應用。

(5)資訊科技應用：包含各式常見軟體與網路服務的使用方法。

（6）資訊科技與人類社會：包含合理使用原則，以及資訊倫理、法律及
　　社會相關議題。

⭐ 1.3　運算思維在教育的應用

以下將依善用運算思維解決日常生活問題，與運算思維是各領域人才
的重要能力等 2 個部分，來說明運算思維在教育上的應用。

1.3.1　善用運算思維解決日常生活的問題

具備運算思維能更善用運算解決日常生活問題，日常生活與運算的關
係越來越密切，包括社群網路、智慧型居家、醫療、交通與購物等。Wing
（2006）認為在基礎語言能力中應該加入電腦運算的因素，在讀、寫和算
數之外，還需要加上電腦運算的概念：「電腦運算思考的技巧，並不是只
有電腦科學家的專利，而是每個人都應該具備的能力及素養。」

1.3.2　利用運算思維培養領域人才的能力

運算思維是各領域人才中重要能力，例如在科學與工程領域方面，可
以利用運算模擬建築結構，以確認安全性；利用運算預測氣象，以增加準
確性，在人文與社會領域方面，可以利用運算分析並優化廣告投放策略，
利用運算分析人口老化趨勢與醫療資源分佈，又例如在藝術領域方面，則
可利用運算建構三維動畫，又或者是利用運算創作數位音樂。

⭐ 1.4　運算思維對未來的影響

Kivunja（2015）指出二十一世紀的關鍵能力包含：批判性思考與解決
問題、溝通、合作共創以及創造力等關鍵能力。

未來人才需求，具備善用運算思維中運算方法與工具解決問題的能力，
另外亦需有具備創新與動手實作的能力，包括問題解決、溝通表達與合作

共創，而這樣的能力應用在日常生活之中，當人們不斷接觸到新的資訊應用時，深入思考了解「這是怎麼做到的」、「經過哪些流程才能做」，保持這樣的好奇心，將複雜的現象和問題一步步拆解，運算思維才能真正在生活中發揮作用。

　　運算思維在教學上扮演著學習革命性的地位，這是在目前強調人工智慧的學習式態中，一波無法避免的時代性浪潮，無論是教學者或者是學習者都應該要謹慎地了解並面對它。本書《運算思維與程式設計：Web:Bit》即是以此觀點，以運算思維為程式設計的基礎思考，利用 Web:Bit 為實作的介面，讓學習者認識並熟練程式設計與運算思維，以利學習者可以優雅地面對複雜多變的社會情勢。

01. 請說明運算思維的思維中主要的步驟為何？

02. 請說明十二年國民基本教育課程綱要中對於資訊科技的學習內容主要包括的面向為何？

Chapter 2
認識 Web：Bit

⭐ 2.1　Web:Bit 基本介紹

Web:Bit 開發板是慶奇科技於 2019 因應運算思維與資訊科技教育所推出的產品。Web:Bit 的開發板長 5 公分、寬 5 公分，重量大約 10-12 公克，採用 ESP-32 為主要的控制器，開發板上除了 ESP32 這個主控制器之外，還內建了許多元件與感應器，包括一個 25 顆全彩 LED 燈的矩陣、兩個光敏電阻（光敏感應器）、兩個按鈕開關、一個溫度感應電阻（溫度感應器）、一個蜂鳴器和一個九軸感應器（三軸加速度、三軸陀螺儀與三軸磁力指南針），整個開發板的最下面還具有一個與 micro:bit 完全相容的 20 PIN 的金手指介面，整個開發板的構造如下圖所示。

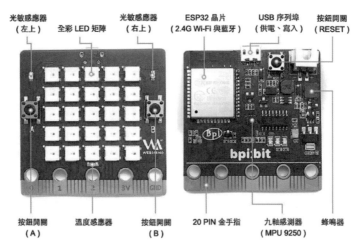

圖 2-1　Web:Bit 結構圖

開發板的背面除了有 ESP32 晶片、九軸感測器與蜂鳴器之外，還有一個提供裝置用電與傳輸資料使用的 USB 序列埠、重置按鈕開發。

⭐ 2.2　Web:Bit 功能說明

Web:Bit 除了具有 Wi-Fi 操控、多裝置串聯、協同作業等功能之外，更

內建許多新的元件和感應器、搭配內建 2.4G Wi-Fi 和藍牙功能，是目前市面上最高效能、最穩定以及最通用的產品之一。

未來的物聯網市場，可能是 IT 產業發展至今所遇到前所未有的發展契機，在廣大的使用者當中，包含了非常多樣化與異質化的使用族群，唯有更簡易、方便與跨平台的觀念和開發模式，才可以滿足這些使用者的需求，並在未來的物聯網應用中，占據不倒的地位，然而，憑藉著這樣概念發展出的 Web:Bit，是值得讓所有的 HTML/JavaScript 前端開發者，當成進攻物聯網市場的神兵利器！

☆ 2.3 Web:Bit 編輯工具

Web:Bit 的編輯工具可分為網頁版與安裝版，兩種版本的介面與功能幾乎完全相同，使用者可以依據不同的需求來採用不同版本的編輯工具。

2.3.1 網頁版

Web:Bit 網頁版的編輯工具是不需要安裝任何的軟體，只要使用原電腦所使用的瀏覽器即可，透過瀏覽器連結 Web:Bit 網頁版的編輯器即可運作，網頁版建議使用 Chrome 的瀏覽器，網頁版編輯器的網址為 https://webbit.webduino.io/，只要在 Chrome 瀏覽器的網址列輸入此網址即可進入 Web:Bit 網頁版的編輯器，如下圖所示。

圖 2-2　Web:Bit 網頁版編輯器進入畫面

2.3.2 安裝版

Web:Bit 安裝版的編輯器目前只提供 Windows 的版本,其使用介面與操作方式和網頁版的編輯器完全相同,雖然安裝版的編輯器需要下載執行檔進行安裝,但是安裝版可以在 Wi-Fi 的設定、韌體更新、USB 連線時有更便利的操作。

1. 下載安裝版軟體

使用者下載 Web:Bit 安裝版的軟體,可以直接由 https://ota.webduino.io/WebBitInstaller/WebBitSetup.exe 來加以下載,另外也可以點選網頁版編輯器中,右上角的更多 / 下載安裝來下載安裝版的軟體,如下圖所示。

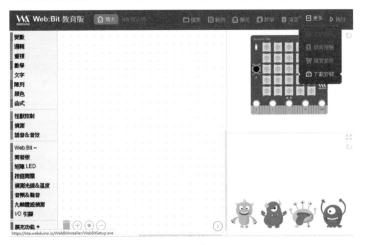

2. 安裝執行檔軟體

安裝執行檔軟體主要分為點選執行檔案、選擇安裝語言、點選安裝與完成安裝時的畫面等四個部分來加以說明。

(1) 點選執行檔案

首先點選所下載的 WebBitSetup.exe 執行檔來加以安裝。

(2) 選擇安裝語言

選擇所要安裝的語言,目前有英語、簡體中文與繁體中文等三種安裝語言可以選擇,如下圖所示。

(3) 點選安裝按鈕

點選 Web:Bit 安裝精靈的第一個畫面中「安裝」按鈕即可開始安裝。

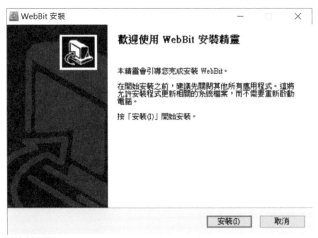

(4) 完成安裝步驟

安裝完成後即會出現以下的畫面。

完成 Web:Bit 安裝版的軟體安裝後，即會自動在桌面上出現一個 WebBit 的圖示，如下圖所示。

2.3.3 更新軟體

開始安裝版的編輯器時，軟體會自動偵測目前的編輯器軟體是否有更新版，如果發現有更新的版本時，軟體會自動進行更新，但如果有重大更新時，且無法從線上自動更新時，螢幕會顯示請下載新版軟體來重新安裝編輯器。

2.3.4 操作介面

下圖 2-3 為 Web:Bit 編輯器的操作介面，主要分為七個部分，如下說明。

圖 2-3：Web:Bit 編輯器操作介面

1. 主功能選單

　　主功能選單中包括檔案的儲存與開啓、範例與教學、刪除所有積木、更多功能與執行按鈕。

2. 切換積木／程式碼

　　切換積木和程式碼，主要是將程式積木轉換爲標準 JavaScript 程式碼，使用者可以藉由這個功能來切換檢視的內涵。

3. 積木清單

　　編輯器的積木種類包括基本功能、小怪獸互動、開發板操控與物聯網擴充等類別的積木。

4. 開發板模擬器

　　開發板模擬器是以虛擬的 Web:Bit 開發板來模擬實際開發板的狀況與應用。

5. 小怪獸互動舞台

　　編輯器的右下角包含四種不同造型顏色的小怪獸，可以透過積木設定相關動作與互動情境。

6. 縮放按鈕

　　縮放按鈕可以快速縮放畫面積木或者是刪除積木。

7. 收折畫面按鈕

　　收折畫面按鈕的功能是可以快速收折開發板模擬器與小怪獸互動區，讓積木編輯區域的範圍變大或者是縮小。

　　上述是 Web:Bit 編輯器的操作介面說明，除此之外，Web:Bit 編輯器的安裝版是特別爲了沒有 Wi-Fi 的環境而打造，只要開啓編輯器，將 Web:Bit 開發板利用 USB 的連結線連上電腦即可進行操控、更新或者是相關的設定。安裝版與網頁版最大的不同就是安裝版多了工具列的功能，而工具列可以藉由 Ctrl+W 來設計顯示或者隱藏。

　　工具列分別具有系統、工具與資訊等三個主要功能列表，其中的工具列具有關閉 USB 連線、設定 Web:Bit Wi-Fi、更新韌體、回復原廠韌體以及

設定 Web:Bit MQTT 伺服器，而系統則是有以瀏覽器開啓與結束編輯器等二個功能，至於資訊則是具有版本、複製裝置 ID 與說明訊息等三個功能。

2.3.5　建立第一個程式

這是利用 Web:Bit 教育版編輯器所建立的第一個程式，利用模擬器或者是開發板來顯示一個指定顏色的字元，利用 LED 燈只能顯示數字、英文字或者是少數的標點符號，並無法顯示中文字或者是特殊符號。

1. 利用「模擬器」顯示一個字元

(1) 首先請在積木編輯區完成以下的程式。

(2) 點選編輯區右上角的「執行」，來執行上述的程式。

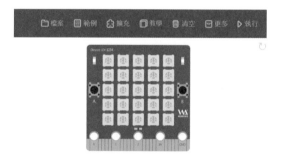

(3) 模擬器的螢幕上即會呈現程式的執行結果。

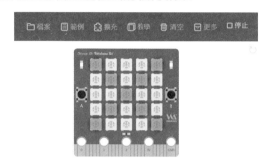

2. 利用「開發板」顯示一個字元

以下將說明如何利用 Web:Bit 開發板來顯示一個字元。

(1) 利用USB線將Web:Bit開發板連接電腦。

當 USB 連接 Web:Bit 教育版編輯器時,若連接成功時,螢幕左上角會出現實體開發板的裝置 ID 與韌體版本。因為這個範例是利用開發板來顯示文字,所以開發板的積木要從模擬器改為 USB 即為使用 USB 控制。

(2) 請在積木編輯區完成以下的程式。

(3) 點選編輯區右上角的「執行」,來執行上述的程式。

此時即會出現實體開發板的 LED 出現紅色的 X 字元。

⭐ 2.4　更新開發板韌體

　　Web:Bit 的開發板中的韌體的程式會因開發廠商針對開發板進行除錯與新增功能而有所不同,因此它會持續地更新,以下將說明如何進行開發板的韌體更新。

2.4.1　更新韌體

　　當開啓編輯器時,安裝版的編輯器最上方會出現安裝版的版本號碼與掃描 USB 裝置的提示訊息,此時若利用 USB 連接線連接電腦時,即會出現裝置 ID、韌體版本以及使用 USB 連線成功的訊息,此時若有偵測到新版的韌體時,會出現新版韌體與目前韌體的版本訊息顯示在最上方,並且提示是否立即更新,若點選訊息中的確定時,即會開始更新韌體,也會同時出現更新時請勿關閉程式或拔除 USB 線的訊息,如下圖所示。

　　確定更新後,左上角即會顯示更新的進度及狀況,更新成功時會出現裝置 ID、韌體版本以及使用 USB 連線成功的訊息,如下圖所示。

Web:Bit 安裝版 V1.2.10 - 裝置 [bit888d59] 版本 [0.1.13_0113_01] 使用 USB 連線成功

　　如果一開始沒有更新,也可以隨時點選工具/更新韌體來進行更新,或者是點按 Ctrl+Shift+F 來進行韌體的更新,如下圖所示。

Web:Bit 安裝版 V1.2.10 - 偵測到新版韌體 0.1.13_0113_01 (目前版本 0.1.12_1004_01),請按 Ctrl+Shift+F 進行更新

2.4.2 回復原廠韌體

當安裝版的 Web:Bit 編輯器開啓時，若利用 USB 連接線連結開發板到電腦時，編輯器即會進行硬體的掃描，如果一直出現「掃描 USB 裝置」，沒有出現連線成功的訊息，表示 Web:Bit 開發板的韌體可能有問題，可能是程式錯誤或自行寫入其他韌體，此時可以用滑鼠選擇「工具」→「回復原廠韌體」進行韌體更新，步驟如下所示。

1. 點選「工具」→「回復原廠韌體」

2. 出現警告訊息，確認是否繼續

3. 開始韌體下載及更新

4. 完成回復原廠韌體

此時即完成韌體的回復，回復原廠韌體成功後，開發板的 ID 長達 17 碼，建議將硬體的長 ID（3R7hjwhpGilPiePc4G）修改成短 ID，步驟如下所示。

1. 設定 Web:Bit Wi-Fi 的 SSID 與密碼，將 Web:Bit 連結上網。

2. 關閉 USB 連線。

3. 透過 Wi-Fi 連上 Web:Bit 開發板，此時的 Web:Bit 為一個無線基地台，SSID 為 bitXXXX，密碼是 12345678。

4. 打開瀏覽器，並且輸入 http://192.168.4.1。

5. 點選下圖的 Shorten the ID，此時即可將長 ID（3R7hjwhpGilPiePc4G）修改為短 ID（bit4206）了。

　　此時的短 ID 即是可以在日後的編輯環境中，若是利用網路 Wi-Fi 連結上開發板時，所需輸入的 Device ID。

⭐ 2.5　設定開發板網路

　　Web:Bit 開發板除了可以利用 USB 連接線連結到電腦外，也可以經由 Wi-Fi 的方式連線，而若要連線到 Wi-Fi，則可以利用安裝版編輯器中的工具列，點選設定 Web:Bit Wi-Fi 來進行連線設定。

1. 點選「工具」→「設定Web:Bit Wi-Fi」。

2. 輸入開發板對外連接無線基地台的「SSID」。

3. 輸入該「SSID」基地台的「密碼」。

4. 點選「工具」列中的「關閉USB」，此時即可利用Wi-Fi連接到開發板了。

　　Web:Bit 運用於物聯網的實作相當地適合，非常值得推廣，特別在操作

運算思維的國小學童，可以運用 Web:Bit 在實體的操作引領國小學童進入抽象運算思維的準備，並且 Web:Bit 除了大部分具有 Micro:Bit 的功能外，許多擴展的積木更可以吸引國小學童的目光，引起學習的動機，以下幾章將利用許多實作的範例來說明如何運用 Web:Bit 的積木，也期待能引領使用者進入運算思維的思考歷程。

01. 請說明如何設定開發板的網路環境。
02. 請說明編輯器中，操作介面中各區塊的內涵。

Chapter 3
基本類積木的應用

Web:Bit 教育版編輯器中的積木大概可分爲（1）基本類、矩陣 LED、文字類積木；（2）輸入、邏輯判斷、變數、陣列與數學類積木；（3）迴圈類積木；（4）語音與音效類、音樂與聲音類與網路廣播類積木，以下將說明 Web:Bit 教育版編輯器中的基本類積木之實作範例。

　　本章所使用的積木如下所示。

1. 開發板
2. 矩陣 LED
3. 重複
4. 按鈕

☆ 3.1　實作 01：LED 矩陣顯示訊息

　　程式設計者接觸的第一個初學程式一般都是以顯示「Hello World」爲第一個入門的程式。也就是說學習程式語言的第一件事，就是先學會如何在控制台上顯示文字，也就是純文字模式的顯示，這很枯燥，不像一些視窗化的開發環境寫起來有成就感，但主控台可以讓程式設計人員專心於程式邏輯的開發，因而對初學者來說，是紮實學習語言的一個方式。以下第一個實作程式即是實作如何在 Web:Bit 開發板上利用全彩 LED 矩陣來呈現文字「Hello World」。

3.1.1　實作內容說明

　　第一個實作的程式是使用 Web:Bit 並且利用 Web:Bit 教育版編輯器來顯示文字。這個實作專題主要是介紹基本程式設計的方法，讓學生發展自己所撰寫的程式並且在 Web:Bit 開發板上測試執行。

3.1.2　單元學習目標

　　本實作單元主要的學習目標包括以下四項。

1. 練習拖拉積木至程式編輯區。

2. 利用 Web:Bit 教育版來編輯程式。

3. 在 Web:Bit 開發板上測試程式。

4. 編輯程式在循序執行的結果。

3.1.3 運算思維內涵

本程式主要是在 Web:Bit 上顯示一串文字「Hello World」，所培養學習者的運算思維內涵主要包括以下五項，說明如下。

1. 設計簡單的演算法，循序與重複的程序（AL）。

2. 偵測與修正演算法上的錯誤（AL）。

3. 根據演算法來設計程式（AL）。

4. 了解電腦與演算法之間程式所扮演的連結角色（AB）。

5. 了解使用者可以開發程式，且能以圖形式程式語言開發環境，演示其過程（AL）。

3.1.4 LED 矩陣

利用 Web:Bit 開發板顯示「Hello World」字串，首先需要認識 Web:Bit 中 5×5 全彩 LED 矩陣，這是 Web:Bit 開發板中最醒目而且所占區域最大的地方，其中即包括 25 顆全彩的 LED 燈，每個 LED 燈都可以透過紅（R）、綠（G）、藍（B）等三種顏色來進行混合，產生各種不同的顏色，透過不同位置的燈號與顏色搭配顯示，就能呈現各種圖案造型。

3.1.5 矩陣 LED 積木

矩陣 LED 的積木包括顯示關閉矩陣 LED、顯示顏色、繪製圖案、顯示圖案、指定第幾顆燈的顏色、跑馬燈、顯示字串等積木，積木內容如下所示。

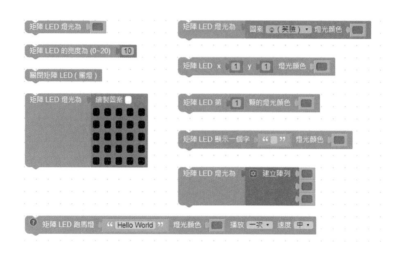

以下將逐項說明矩陣 LED 積木（慶奇科技，2021）。

1. 顯示顏色

「顯示顏色」積木可自行設定 LED 的燈光，可以讓 25 顆燈同時亮起指定的顏色，內有多種顏色可供選擇，其中若選擇黑色，效果等同不亮燈。

2. 繪製圖案

「繪製圖案」積木能夠自定義每顆燈不同的顏色，繪製一個 5×5 的圖案，點選繪製圖案的積木後，點選積木上方的顏色區塊就能選擇不同顏色，如果是同顏色，重複點擊就可以還原為黑色，亦即「繪製圖案」積木可供使用者自行繪製圖案，同時設定燈光的顏色。

3. 預設圖案

「預設圖案」積木提供 60 種預設圖案，以及一個隨機圖案選項（60種圖案隨機取出一種），預設值為笑臉，此時選擇圖案和顏色，執行後開發板就會出現對應的圖案和顏色。

4. 顯示一個字

「顯示一個字」積木可以顯示單一個大小寫英文字母、數字或標點符

號，並指定顯示的顏色，請注意顯示一個字積木並不支援中文字，此時若在文字積木輸入字母或數字並指定顏色，執行後就會看到指定顏色的字母或數字出現。

5. 跑馬燈

「跑馬燈」積木可以透過跑馬燈的方式，以指定的顏色顯示一串文字，跑馬燈可以只進行一次或無限次重複播放，並能設定文字移動的速度，另外跑馬燈積木並無法支援中文字，如果設定跑馬燈次數為「一次」，跑馬燈積木會是「執行完成才會繼續執行後方程式」的類型，跑馬燈結束後才會接著執行其他程式，若設定為「無限次」，後方程式會繼續執行，但和 LED 矩陣有關的行為會被跑馬燈所取代。

6. 陣列控制燈號

「陣列控制燈號」積木可以使用陣列的方式控制矩陣 LED 燈號的運作，陣列的順序對應到 Web:Bit 開發板的燈號順序，開發板燈號 1 至 25 的順序為從左到右、從上到下。舉例來說，若設定陣列的三個值為紅色、綠色和藍色，開發板的第 1 至 3 個燈就會呈現對應的顏色。

7. 第幾顆燈

「第幾顆燈」積木可以指定第幾顆燈的顏色。第幾顆燈的順序對應到Web:Bit 開發板的燈號順序，開發板燈號 1 至 25 的順序為從左到右、從上到下，分別指定不同位置的燈號顏色，執行後就會看見指定位置的燈號亮起。

8. X、Y座標控制燈號

「X、Y 座標控制燈號」積木可以透過 X 和 Y 的座標值指定燈號的顏色顯示，開發板的 X、Y 座標以左上角為（1，1），往右 X 加 1，往下 Y加 1，依此類推，此時若分別指定不同 X、Y 的燈號顏色，執行後就會看見指定位置的燈號亮起。

9. 亮度

「亮度」積木可以控制「全部 LED 燈」的亮度，該積木無法指定單一

顆燈的亮度，亮度最暗到最亮的數值為 0 至 20，預設值 10。

10. 關燈

「關燈」積木可以關閉「全部 LED 燈」，效果等同於把 25 顆燈的顏色同時設定為黑色，亦即關閉「全部 LED 燈」。

接下來的程式實作即是利用矩陣 LED 的積木實作顯示「Hello World」。

3.1.6　單元編輯程式

第一個實作的程式即是利用矩陣 LED 燈來顯示「Hello World」，以下為實作的步驟。

1. 選擇Web:Bit開發板的積木

請選擇開發板的積木，並點選使用模擬器控制，如下圖所示。

2. 選擇矩陣LED的積木

選擇矩陣 LED 積木中矩陣 LED 跑馬燈，並且置於開發板積木之中，結果如下所示。

3. 點選執行

點選編輯器右上角的執行按鈕，即會出現「Hello World」的跑馬燈的字串，如下所示。

上述字串的顯示，由於 LED 矩陣是由 25 個 LED 燈來組成，因為範圍的限制每一次只能顯示一個字元左右，所以字串的顯示會以跑馬燈的方式來加以呈現，此跑馬燈的積木有四個可供改變的參數，分別是顯示的字串內容、顯示的燈光顏色、播放的次數與播放的速度，以播放的次數中可以設定一次、無限次，播放的速度則有快、中、慢等三種選擇。

3.2 實作 02：LED 矩陣顯示圖案

以下實例是利用矩陣 LED 燈來顯示 Web:Bit 內建或者是自行繪製的圖案，圖案的表示方法有預設圖案與繪製圖案，本實例即由使用者顯示預設圖案與自繪圖案，如下所示。

3.2.1 實作內容說明

LED 矩陣除了可以顯示數字與文字之外，這 25 個 LED 燈可以透過紅綠藍三種顏色進行混合，產生各種不同的顏色，並且透過不同位置的 LED 燈與顏色來搭配顯示，呈現各種不同的圖案造型，以下將進行預設圖案的顯示以及自繪圖案的程式，進行實作。

3.2.2 單元編輯程式

以下即介紹顯示預設圖案與自行繪製圖案的步驟。

1. 選擇Web:Bit開發板的積木

請選擇開發板的積木,並點選使用模擬器控制,如下圖所示。

2. 顯示預設圖案

預設圖案積木提供如下的 60 個預設圖案,以及最後一個隨機圖案選項 (即由 60 個圖案中隨機選出一個)。

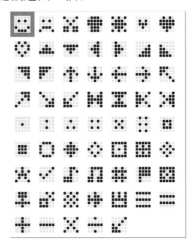

日後,使用者即可根據個人的需求,從預設圖案中找到所需的圖案, 例如:剪刀、石頭與布的圖案,如此一來,就可以減少畫圖的時間與程式 所占的空間。以下的程式即是顯示預設的圖案。

結果如下所示。

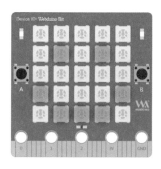

由上圖可以得知，因為 LED 矩陣只有 5×5 共 25 顆 LED 燈，解析度有限，無法呈現完整細膩的圖案。

使用者除了使用顯示預設圖案，也可以顯示自繪的圖案，以下將逐一說明如何顯示自繪的圖案。

1. 選擇Web:Bit開發板的積木

請選擇開發板的積木，並點選使用模擬器控制，如下圖所示。

2. 顯示自繪圖案

預設圖案只能顯示單一的顏色，若要繪製彩色的圖案時就必須要自行繪製圖案，以下即是一個自繪的圖案，是一個向上的箭頭，分別由二個顏色來組成，如下圖所示。

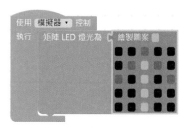

　　點選積木上方的繪製圖案旁的顏色區塊就能選擇不同的顏色，如果是相同的顏色，只要重複點擊即可還原為內定的黑色。

　　程式執行結果如下所示。

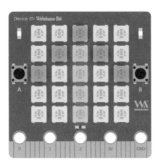

☆ 3.3　實作 03：LED 矩陣顯示動畫

　　以下的實作是利用矩陣 LED 燈利用視覺暫留的原理來顯示動畫，利用 LED 矩陣顯示動畫的方式，將日常生活中常見的簡單圖形（例如：笑臉、愛心、剪刀等圖形），結合重複積木，呈現在 Web:Bit 上製造動畫的效果。

3.3.1　實作內容說明

　　動畫是利用視覺暫留的原理，當快速播放圖片時，大腦會形成動畫的效果，而實作 03 即是利用此種原理利用 LED 矩陣來完成動畫的設計。以下的實作是以心跳來實現動畫的效果。

3.3.2　重複積木

　　重複積木包括一個等待的積木、停止重複的積木與五種不同重複模式的積木，如下所示。

等待 1 秒

重複無限次，背景執行

執行

重複 10 次，背景執行

執行

如果 就重複無限次，背景執行

執行

計數 i 從 1 到 10 每隔 1 背景執行

執行

取出每個 i 自陣列 背景執行

執行

停止 所有的 重複

以下簡易動畫的實作範例，將採用等待與重複無限次的積木來完成，至於詳細的重複積木則於往後迴圈的章節中再加以介紹。

3.3.3 單元編輯程式

本實例是利用矩陣 LED 積木中的預設圖案大愛心與小愛心，配合重複積木中的等待積木，製造出心跳的動畫。

1. 選取Web:Bit開發板積木

選擇 Web:Bit 開發板積木，並點選使用模擬器來加以控制，如下圖所示。

2. 選取矩陣LED積木

選取預設圖案積木，並選擇圖案大愛心，另外再選擇一次預設圖案積木，選擇圖案小愛心，兩個圖案顏色設定為紅色，如下圖所示。

3. 選取重複積木

　　選取重複積木中的等待積木，並設定等待 1 秒，綜合上述積木的實作，在積木編輯區完成以下的程式。

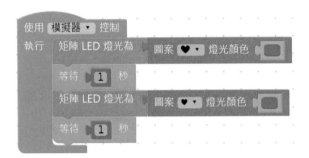

　　請注意，本實作的範例中出現了等待 1 秒的積木，而這個積木是在重複的類別中，等待 1 秒是為了使大愛心與小愛心的顯示間有時間差，否則只會顯示小愛心的圖案而已。

4. 選點執行

　　點選編輯器右上角的執行按鈕，即會出現心跳的動畫，如下圖所示。

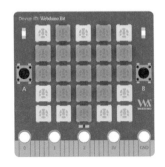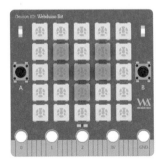

　　上述的程式執行結果會大愛心與小愛心各顯示一次，而若是要呈現出動畫的形式則需要一直重複顯示，因此以下將利用重複的積木實作重複顯示的動作。

5. 重複顯示上述的二個圖案

下述的程式碼與上述程式碼相較之下，只有多了一個重複無限次的積木，而這個積木也是在程式撰寫時三個基本控制結構中的迴圈（loop）。

撰寫程式時主要包括三個基本的控制結構，分別是循序（sequence）、迴圈（loop）與選擇（selection）。而本程式主要利用了循序與迴圈等二個基本的程式控制結構。

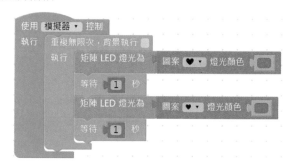

程式執行時，即可發現大愛心與小愛心輪流顯示，形成跳動的動畫。

☆ 3.4　實作 04：簡易的猜拳機

以下將利用 Web:Bit 中的按鈕以及矩陣 LED 燈來設計簡易的猜拳機，本實作是將生活中常見的剪刀石頭布的遊戲，結合 Web:Bit 的積木來加以實作。另外，本實作還會利用按鈕開關積木來控制矩陣 LED 燈光呈現的圖案，使用者也可以利用簡易的猜拳機來互相挑戰。

3.4.1　實作內容說明

Web:Bit 的開發板除了 LED 矩陣之外，最常被使用者使用的即是 A 鍵與 B 鍵二個按鈕開關，屬於輸入的裝置，實作 04 即是利用這二個按鈕與 LED 矩陣來設計一個指定出拳的出拳機。

3.4.2　按鈕開關積木

　　Web:Bit 中的按鈕積木可以指定按下、放開與長按等三種開關的行為，此時這三種開機行為可分別套用 A、B 與 A 和 B 同時按下，三種行為中長按是持續按下一秒、放開則是將按下的按鈕放開時之行為，至於按下則是將按鈕按下的行為，按鈕積木如下圖所示，首先是按鈕積木中按鈕開機 A、B、A+B 等三種。

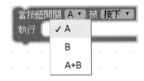

　　接下來的則是按下、放開與長按等三種按鈕行為，如下圖所示。

3.4.3　單元編輯程式

　　本實作程式主要是設計一個簡單的猜拳機，所利用的積木則是包括 Web:Bit 開發板、按鈕積木、LED 矩陣積木與圖案積木，實作步驟如下所示。

1. 選取Web:Bit開發板積木

　　選擇 Web:Bit 開發板積木，並點選使用 USB 來控制，如下圖所示。

2. 選取按鈕開關積木

　　首先點選按鈕開關積木，選擇 A 按鈕，按鈕行為請選擇按下。

3. 選取矩陣LED積木

　　選取矩陣 LED 積木中的預設圖案，以及顯示剪刀的圖案，燈光顏色則

是選擇紅色,再結合上述的按鈕積木,如下圖所示。

此時點選按鈕積木後按右鍵,選擇複製 2 次,分別設定 B 按鈕、矩陣 LED 燈光為顯示圖案石頭、燈光顏色選擇綠色,另外一個則是設定 A+B 按鈕、矩陣 LED 燈光為顯示圖案布、燈光顏色選擇藍色,並且與 Web:Bit 開發積木結合,如下圖所示。

4. 點選執行

點選編輯器右上角的執行按鈕,執行後,按 A 鍵時 LED 矩陣即會出現紅色的剪刀圖案(如下圖所示),另外按 B 鍵時會出現綠色的石頭圖案,若同時按 A+B 時則會出現藍色布的圖案,此時即完成簡易的猜拳機,也可以運用於後續章節的遊戲之中。

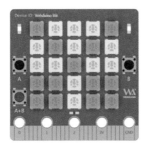

上圖是為點選 A 按鈕時出現的圖案,而使用者若是將開發板選擇模擬器時,則是會出現上述的圖案。

本章是利用 Web:Bit 中基本類、矩陣 LED 燈與文字類積木的圖形來學習程式,上述的四個實作即是利用循序與重複程序的演算法來學習運算思維,期待可以藉由此實作來踏入 Web:Bit 圖形程式設計美好的歷程。

 習題

01. 利用模擬器或開發板依序顯示多個不同顏色的字元。

02. 請製作個人姓名的跑馬燈。

03. 請利用三個不同形狀的花朵,並且配合迴圈,製作一個搖晃的花朵,以下為這三個不同形狀的花朵。

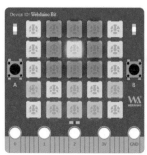 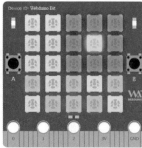 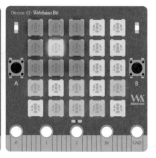

Chapter 4
怪獸舞台的應用

上個章節已經說明基本類積木有哪些以及如何運用，接下來介紹與說明 Web:Bit 的祕密武器－怪獸控制積木，這個由怪獸控制積木所形成的舞台，讓程式設計者的輸入、輸出的介面不再只有受限於模擬器與開發板，而是可以擴展到怪獸舞台上，尤其是針對年齡較低的使用者，除了可以提高學習動機外，也讓運算思維與程式設計中創造出更多的可能性。以下除了介紹怪獸積木外，也將以幾個實作範例來說明 Web:Bit 怪獸控制積木的應用。

本章所使用的積木如下所示。

1. 開發板
2. 文字類
3. 怪獸控制
4. 數學類
5. 按鈕
6. 九軸體感
7. 偵測
8. 語音和音效

☆ 4.1　認識怪獸舞台

前一章已介紹過 Web:Bit 基本類積木的應用以及第二章說明如何撰寫 Web:Bit 的程式，接下來要介紹的是 Web:Bit 的祕密武器 —— 怪獸控制積木，首先介紹怪獸舞台。

怪獸舞台上主要有四隻可愛的小怪獸，分別是綠色怪獸、紅色怪獸、黃色怪獸、藍色怪獸，Web:Bit 的編輯環境中可以利用怪獸控制積木，控制每隻小怪獸的說話、聲音、互動與行為等動作，甚至可以與模擬器及開發板進行許多有趣的互動應用，以下先介紹怪獸舞台。

4.1.1 怪獸舞台的環境

　　怪獸互動性舞台上共有四隻可愛的小怪獸，舞台的高度可以調整，也可以切換成全螢幕，怪獸可以自由移動，若要將怪獸位置回復初始位置可以點選回復按鈕即可，舞台的左下角座標為（0,0），向右時，X 座標會增加，向上時，Y 座標會增加，怪獸舞台如下圖所示。

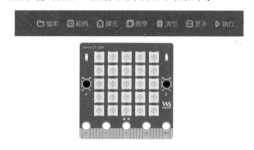

4.1.2 認識怪獸控制積木

　　以下將依怪獸控制積木中的基本操作、互動與舞台等積木說明如下。

1. 基本操作積木

　　基本操作積木分別有講話、展示圖片、情緒、改變位置、改變角度、改變大小等，可以透過怪獸控制積木改變小怪獸的外在表現。

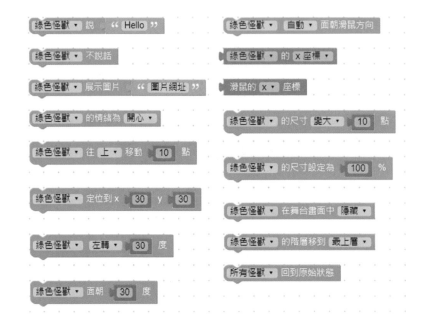

怪獸控制基本操作積木介紹如下所示（慶奇科技，2021）。

(1) 講話與不講話

　　「講話」和「不講話」積木可以讓小怪獸講出指定的文字，或不要講出文字，透過下拉選單也可以選擇哪一隻小怪獸講話，或所有小怪獸一起講話。

　　只要在講話的積木後方，連接指定的文字，執行後小怪獸就會說出指定的文字。只要把文字留空，或者使用不說話的積木，就能夠讓小怪獸不說話。

(2) 展示圖片

　　「展示圖片」積木可以讓小怪獸展示一張「網路圖片」。舉例來說，從維基百科上搜尋圖片，可以得到這張圖片的「網址」，複製圖片網址，張貼到小怪獸展示圖片的文字空格內，執行後，就會看見小怪獸展示這張圖片，目前圖片格式僅支援 jpg、jpeg、png、gif。

(3) 情緒

「情緒」積木可以改變小怪獸的情緒，包含開心、驚訝、生氣、難過和隨機。選擇對應的小怪獸（也可以四隻同時），選擇對應的情緒，執行後就會看見小怪獸的情緒變化。

(4) 改變位置

「改變位置」積木可以指定小怪獸改變目前的位置，選項有往上、往下、往左、往右、隨機或朝向滑鼠方向。

搭配重複十次和等待 0.1 秒的積木，就能夠讓小怪獸往右上方移動。

如果使用無限重複的積木，搭配「朝著滑鼠位置」的設定，就能夠讓小怪獸追著滑鼠移動。

(5) 定位

「定位」積木能夠把小怪獸擺放到指定的坐標位置。Web:Bit 怪獸的座標系統採用笛卡兒座標系統（直角座標系統），往上 y 為正，往右 x 為正，而 （0,0）原點位在怪獸互動舞台的左下角，指定小怪獸 xy 坐標，執行後小怪獸就會出現在指定的位置。

(6) 旋轉角度

「旋轉角度」可以指定小怪獸改變目前的角度，選項有往左或往右。搭配重複無限次的積木，就能讓小怪獸不斷的每隔一段時間旋轉。

(7) 面朝方向

「面朝方向」角度可以指定小怪獸旋轉的角度，順時針為正，逆時針為負。因為「面朝方向」是指定一個角度，如果要做到和前一個積木「旋轉角度」一樣的效果，可以使用變數搭配無限重複的積木，在每一次執行時修改變數數值即可。

(8) 自動面朝滑鼠方向

「自動面朝滑鼠方向」積木能讓小怪獸轉到滑鼠所在的方向，有自動和停止兩個選項，預設並不會面朝滑鼠。因為「自動面朝滑鼠方向」只會執行一次，所以如果要讓小怪獸不斷的面向滑鼠，就必須搭配無限重複的積木。

(9) 取得座標和角度

「取得座標和角度」積木能夠讀取小怪獸當前的 X 座標、Y 座標和旋轉角度。

(10) 尺寸放大縮小

「尺寸放大縮小」積木可以指定小怪獸改變目前的大小，選項有放大或縮小。搭配重複十次和等待時間的積木，執行後，就能夠讓小怪獸逐漸變大。

(11) 尺寸百分比

「尺寸百分比」積木可以指定小怪獸放大縮小的百分比。由於 100% 表示原本怪獸大小，所以 200% 就會是一倍大，50% 則是會縮成一半大小。

(12) 顯示 / 不顯示

「顯示 / 不顯示」積木可以指定小怪獸是否顯示在互動舞台區。

(13) 階層

「階層」積木可以指定小怪獸排列的階層，最上層在最前面，最下層在最後面。透過重複迴圈以及等待的積木，能夠讓小怪獸的階層依序顯示在最前面。

(14) 回到原始狀態

「回到原始狀態」積木可以讓小怪獸回到初始狀態，初始狀態包含不說話、預設座標、預設旋轉角度和預設尺寸大小。

2. 互動與舞台積木

Web:Bit 中怪獸控制積木的互動與舞台積木，包括滑鼠點擊小怪獸、滑鼠接觸小怪獸、小怪獸互相碰撞、小怪獸碰撞畫面、碰到畫面邊緣就反彈、更換舞台背景、設定全螢幕等。

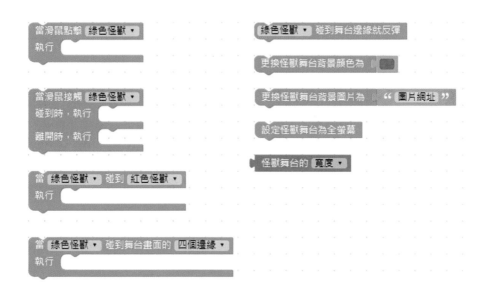

怪獸控制互動與舞台積木分別說明如下（慶奇科技，2021）。

(1) 滑鼠點擊

「滑鼠點擊」積木可以讓指定滑鼠點擊小怪獸時，要做些什麼事情。此時滑鼠點擊積木「不需要放在重複迴圈內」就可重複偵測。

(2) 滑鼠碰觸

「滑鼠碰觸」積木包含兩個行為動作，分別是滑鼠碰觸到小怪獸要做什麼事，以及滑鼠離開小怪獸要做什麼事。注意，離開的行為一定會接續在碰觸之後，滑鼠碰觸積木「不需要放在重複迴圈內」就可重複偵測。

(3) 互相碰觸

「互相碰觸」積木可以偵測小怪獸彼此之間是否有互相碰觸。此時互相碰觸積木「只會偵測一次」，必須搭配重複迴圈，才能重複偵測。

(4) 碰觸舞台畫面

「碰撞舞台畫面」積木可以偵測小怪獸是否碰觸到互動舞台的四個邊，

或個別偵測碰到上、下、左、右四個邊的行為。碰撞舞台畫面積木「只會偵測一次」，必須搭配重複迴圈，才能重複偵測。

(5) 碰觸舞台畫面就反彈

「碰觸舞台畫面就反彈」積木是「碰觸舞台畫面」積木的簡化版，將碰觸後的行為單一化為「反彈」，反彈表示位置的相反，如果碰到舞台左右兩側，則小怪獸移動的 X 方向會相反，如果碰到舞台上下兩側，則小怪獸移動的 Y 方向會相反。

碰觸舞台畫面就反彈積木「只會偵測一次」，必須搭配重複迴圈，才能重複偵測。

(6) 更換舞台背景顏色或圖片

「更換舞台背景顏色」和「更換舞台背景圖片」，可以改變怪獸舞台背景為指定的顏色或圖片，圖片只要填入圖片網址，執行後就會更換，目前圖片支援 jpg、jpeg、png 和 gif 等格式。

(7) 設定舞台為全螢幕

「設定舞台為全螢幕」積木不影響任何操作，只會在「執行時」把怪獸互動舞台變成全螢幕大小。如果不想使用該功能，也可以手動操作，點選怪獸互動舞台右上方的小按鈕，也可以進行全螢幕的切換。

(8) 取得舞台尺寸

「取得舞台尺寸」積木可以取得當下怪獸互動舞台的寬度或高度。

接下來開始介紹如何控制怪獸的移動。

☆ 4.2　控制怪獸移動

以下將介紹利用按鈕、開發板的左右翻轉、電腦鍵盤等方式來控制怪獸的方式。

4.2.1　利用按鈕

本實作主要是利用按鈕來控制怪獸向左或向右移動，步驟如下。

(1) 選取Web:Bit開發板的積木

請選擇開發板的積木，並點選使用模擬器控制，如下圖所示。

(2) 選取怪獸控制中的定位積木

請選擇怪獸控制中的定位積木，選取之後再點選多行輸入即會顯示如下，主要原因為稍後的運算式較長，選擇多行輸入較為簡潔清楚。

此時要計算怪獸出現的位置，請選擇數學積木中兩式的運算，並選擇怪獸控制積木中怪獸舞台的寬度再減去 200 為橫座標，如下圖所示。

此時再複製此積木，將怪獸舞台的寬度改為高度，然後將寬度減去 100 為等一下怪獸定位的縱座標，如下圖所示。

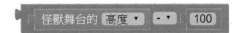

將上述二個積木與怪獸定位的積木結合，如下圖所示，亦即將綠色怪獸定位於橫座標在怪獸舞台寬度減 200，縱座標在怪獸舞台高度減 100 的位置。

(3) 選取按鈕積木

選取按鈕積木，選擇當模擬器 A 被按下時，如下圖所示。

當按鈕開關 A ▾ 被 按下 ▾
執行

此時選擇怪獸控制積木中怪器往左移動 10 點，如下圖所示。

綠色怪獸 ▾ 往 左 ▾ 移動 10 點

結合按鈕積木與怪獸向左移動的積木，如下圖所示，亦即當按鈕 A 按下時綠色怪獸向左移動 10 點的距離。

當按鈕開關 A ▾ 被 按下 ▾
執行 綠色怪獸 ▾ 往 左 ▾ 移動 10 點

將上述積木複製一次，並修正為按鈕 B 按下時，綠色怪獸往右移動 10 點，如下圖所示。

當按鈕開關 B ▾ 被 按下 ▾
執行 綠色怪獸 ▾ 往 右 ▾ 移動 10 點

結合 Web:Bit 開發板積木，結果如下所示。

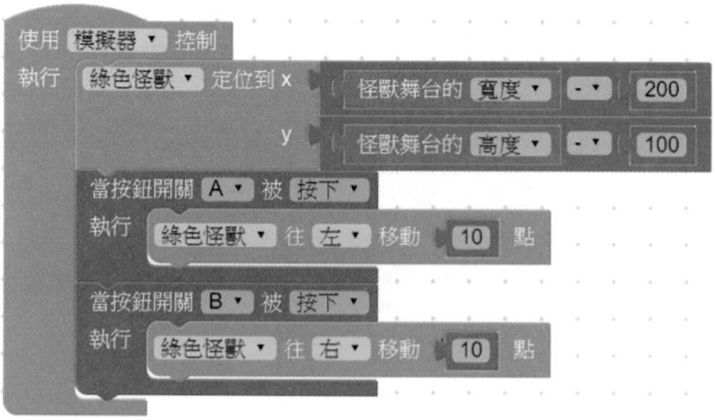

使用 模擬器 ▾ 控制
執行 綠色怪獸 ▾ 定位到 x 　怪獸舞台的 寬度 ▾ − ▾ 200
　　　　　　　　　　y 　怪獸舞台的 高度 ▾ − ▾ 100
當按鈕開關 A ▾ 被 按下 ▾
執行 綠色怪獸 ▾ 往 左 ▾ 移動 10 點
當按鈕開關 B ▾ 被 按下 ▾
執行 綠色怪獸 ▾ 往 右 ▾ 移動 10 點

(4) 點選執行

點選編輯器右上角的執行按鈕，此時即會出現綠色怪獸在怪獸舞台寬度

減 200，高度減 100 的位置，Web:Bit 的模擬器會出現按鈕 A 與按鈕 B，點選
按鈕即會讓綠色怪獸往左與往右移動，如下圖所示。

　　此程式執行時四隻怪獸會同時出現在怪獸舞台上，為了避免混淆，可先
將所有怪獸先隱藏，再顯現目的怪獸綠色怪獸即可，以下實例將會利用此種
方式來加以實作。

4.2.2　利用左右傾斜

　　本實作主要是利用開發板的左右翻轉來控制怪獸往左或往右移動，步驟
如下。

(1) 選取Web:Bit開發板的積木

　　請選擇開發板的積木，並點選使用模擬器控制，如下圖所示。

(2) 選取怪獸控制中的隱藏積木

　　本實例主要是利用開發板的向左與向右翻轉來控制綠色怪獸的移動，因
此其他三隻怪獸為了避免干擾，先將它們隱藏，所以先選擇怪獸控制中的隱
藏積木，並選擇將所有怪獸隱藏。

所有怪獸 ▼ 在舞台畫面中 隱藏 ▼

此時再將本實例所要控制的綠色怪獸顯現，因此請將上述積木複製一次，然後選擇綠色怪獸，在舞台畫面中顯現，如下圖所示。

綠色怪獸 ▼ 在舞台畫面中 顯示 ▼

(3) 選取怪獸控制中的定位積木

請選擇怪獸控制中的定位積木，選取之後再點選多行輸入即會顯示如下，主要原因為稍後的運算式較長，選擇多行輸入較為簡潔清楚。

綠色怪獸 ▼ 定位到 x
　　　　　　　　y

此時要計算怪獸出現的位置，請選擇數學積木中兩式的運算，並選擇怪獸控制積木中怪獸舞台的寬度再減去 200 為橫座標，如下圖所示。

此時再複製此積木，將怪獸舞台的寬度改為高度，然後將寬度減去 100 為等一下怪獸定位的縱座標，如下圖所示。

怪獸舞台的 高度 ▼ - ▼ 100

將上述二個積木與怪獸定位的積木結合，如下圖所示，亦即將綠色怪獸定位於橫座標在怪獸舞台寬度減 200，縱座標在怪獸舞台高度減 100 的位置。

(4) 選取九軸體感偵測積木

選取九軸體感偵測積木，選擇當模擬器向左翻轉時，如下圖所示。

此時選擇怪獸控制積木中怪獸往左移動 10 點，如下圖所示。

結合九軸體感偵測積木與怪獸向左移動的積木，如下圖所示，亦即當開發板向左翻轉時綠色怪獸向左移動 10 點的距離。

將上述積木複製一次，並修正為向右翻轉時，綠色怪獸往右移動 10 點，如下圖所示。

結合 Web:Bit 開發板積木，結果如下所示。

(5) 點選執行

　　點選編輯器右上角的執行按鈕，此時即會出現綠色怪獸在怪獸舞台寬度減 200，高度減 100 的位置，Web:Bit 的模擬器會出現向左翻轉與向右翻轉，點選向左翻轉與向右翻轉時即會讓綠色怪獸往左與往右移動，如下圖所示。

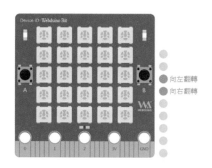

　　綠色怪獸移的畫面如下圖所示。

　　此程式執行時是利用模擬器，若利用開發板應該會更有實際操作的感覺，利用開發板來操作怪獸舞台上的怪獸，各位使用者可以自行操作。

4.2.3　利用鍵盤

　　此程式是計算利用鍵盤來控制怪獸往左或者往右，此時只要將上述範例中的向左與向右翻轉更換為偵測積木中的當鍵盤按下的積木即可，如下圖所示。

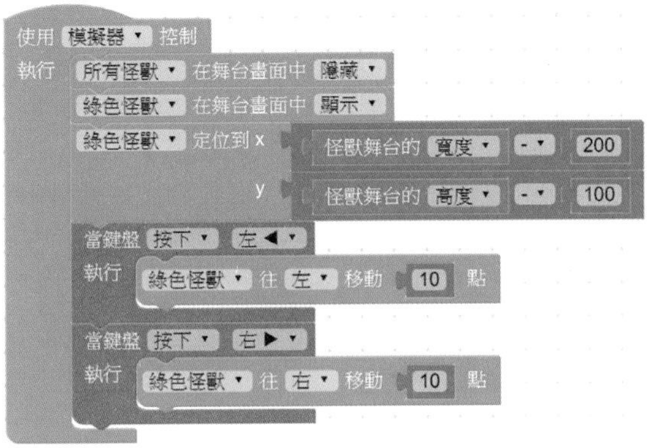

點選執行時即可利用鍵盤左鍵與右鍵來加以控制怪獸往左與往右。

4.2.4 利用怪獸

本範例想利用怪獸來控制怪獸，所以只要將上述範例中的偵測積木中的鍵盤改爲怪獸控制積木中的當滑鼠點擊積木即可，本實作是以點選黃色怪獸時，綠色怪獸向左，點選藍色怪獸時，綠色怪獸向右，程式結果如下所示。

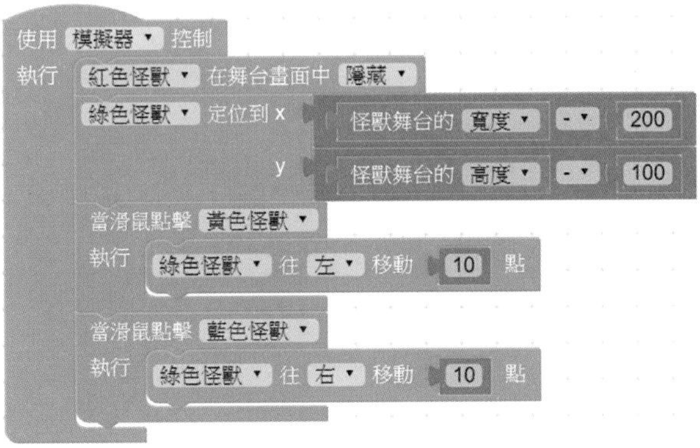

點選執行時，因爲紅色怪獸沒有功能，所以先將它隱藏，黃色與藍色怪獸則當作控制綠色怪獸的按鈕，結果如下圖所示。

⭐ 4.3　實作 01：點擊小怪獸，一點一點地變大

怪獸舞台是 Web:Bit 中非常有趣的功能，尤其是在年齡層較低的學習者，可以有效地提升其學習動機，以下將利用 2 個簡單的範例來實作怪獸控制積木。

4.3.1　實作內容說明

此實作是利用怪獸控制積木中當滑鼠點擊以及尺寸控制的積木來加以完成，當滑鼠點擊怪獸時，該怪獸的尺寸會自動增加變大，非常有趣。

4.3.2　單元學習目標

本單元學習目標有以下三項：
1. 能認識怪獸控制類積木。
2. 能正確使用怪獸控制類積木去撰寫正確程式。
3. 能測試程式條件是否成立，如有錯，能正確修改。

4.3.3　運算思維內涵

以下為本實作範例所應具備之運算思維內涵。
1. 設計簡單的演算法，循序與重複的程序（AL）。
2. 偵測與修正演算法上的錯誤（AL）。

3. 根據演算法來設計程式（AL）。

4. 了解電腦與演算法之間程式所扮演的連結的角色（AB）。

5. 了解使用者可以開發程式，且能以圖形式程式語言開發環境，演示其過程（AL）。

4.3.4　單元編輯程式

怪獸一點一點變大，判斷條件式為當怪獸被點擊，步驟如下所示。

1. 選取Web:Bit開發板的積木

請選擇開發板的積木，並點選使用模擬器控制，如下圖所示。

2. 選取「怪獸被點擊」積木

請從怪獸控制積木中選取怪獸被點擊的積木，如下圖所示。

3. 選取「怪獸尺寸」積木

請從怪獸控制積木中選取怪獸尺寸的積木，並且變大 10 點，如下圖所示。

選取之後請與怪獸被點擊的積木結合。

4. 選取「怪獸講話」積木

請從怪獸控制積木中選取怪獸講話的積木，其中將綠色怪獸設定為變大，其餘三隻怪獸則設定為空白，如下圖所示。

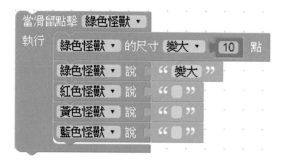

此時再和當滑鼠點擊的積木合併，如下所示。

另外再依此原則撰寫紅色怪獸部分的積木，如下圖所示。

　　另外黃色怪獸與藍色怪獸亦是如此，結合 Web:Bit 開發板積木，結果如下所示。

使用 模擬器 ▼ 控制
執行　當滑鼠點擊 綠色怪獸 ▼
　　　執行 綠色怪獸 ▼ 的尺寸 變大 ▼ 10 點
　　　　　綠色怪獸 ▼ 說 " 變大 "
　　　　　紅色怪獸 ▼ 說 " "
　　　　　黃色怪獸 ▼ 說 " "
　　　　　藍色怪獸 ▼ 說 " "

　　　當滑鼠點擊 紅色怪獸 ▼
　　　執行 紅色怪獸 ▼ 的尺寸 變大 ▼ 10 點
　　　　　紅色怪獸 ▼ 說 " 變大 "
　　　　　綠色怪獸 ▼ 說 " "
　　　　　黃色怪獸 ▼ 說 " "
　　　　　藍色怪獸 ▼ 說 " "

　　　當滑鼠點擊 黃色怪獸 ▼
　　　執行 黃色怪獸 ▼ 的尺寸 變大 ▼ 10 點
　　　　　黃色怪獸 ▼ 說 " 變大 "
　　　　　綠色怪獸 ▼ 說 " "
　　　　　紅色怪獸 ▼ 說 " "
　　　　　藍色怪獸 ▼ 說 " "

　　　當滑鼠點擊 藍色怪獸 ▼
　　　執行 藍色怪獸 ▼ 的尺寸 變大 ▼ 10 點
　　　　　藍色怪獸 ▼ 說 " 變大 "
　　　　　綠色怪獸 ▼ 說 " "
　　　　　紅色怪獸 ▼ 說 " "
　　　　　黃色怪獸 ▼ 說 " "

5.點選執行

　　點選編輯器右上角的執行按鈕，即會當點選怪獸時，怪獸會自動變大，而且說明變大，如下圖所示。

☆ 4.4　實作 02：國際小怪獸，會說各國的語言

以下的實作是請怪獸說出所輸入的文字，目前包括中文、英文與日文都可以順利地完成，以下將依 Web:Bit 的程式來加以實作。

4.2.1　實作內容說明

本實例主要是請怪獸來說出所輸入的文字，包括中文、英文與日文。

4.2.2　單元編輯程式

目前 Web:Bit 可以朗讀的文字包括中文、英文與日文，因爲授權的關係，Web:Bit 編輯器安裝版所採用的微軟語音引擎，支援的語言與系統所設定的語言有所相關，但如是利用 Chrome 的網頁編輯器，所採用的則是 Google 的語音引擎，中文、英文與日文都包含，所以若在安裝版的編輯器無法發出正確的語音時，請利用 Chrome 瀏覽器來開啓語音朗讀的程式，即可正確地發出聲音，以下爲本實作的步驟，逐步說明如下。

1. 選取 Web:Bit 開發板的積木

請選擇開發板的積木，並點選使用模擬器控制，如下圖所示。

2. 選取怪獸回到原始狀態積木

請選取怪獸控制中的怪獸回到原始狀態積木，並且請選擇所有怪獸，如下圖所示。

3. 選取「怪獸講話」積木

從怪獸控制積木中選取「怪獸講話」積木，並分別爲四隻怪獸輸入不同的文字，如下圖所示。

4. 選擇滑鼠點擊怪獸積木

請從怪獸控制積木中選取「滑鼠點擊怪獸」積木，並選擇綠色怪獸，如下圖所示。

再從怪獸控制積木中選取「怪獸不說話」積木，並選擇所有怪獸，如下圖所示。

請從怪獸控制積木中選取「怪獸說話」積木，並選擇綠色怪獸，輸入大家好，如下圖所示。

請從語音和音效類的積木中選取「朗讀文字」積木，並輸入所有朗讀的文字大家好，以及設定中文語音，音調與速度正常。

將上述積木結合「滑鼠點擊怪獸」積木，如下圖所示。

依此原則，建立紅色怪獸所要朗讀的 Hello，並設定爲英文語音，音調與速度仍設定爲正常。

依此原則，建立黃色怪獸所要朗讀的みなさん、こんにちは，並設定爲日文語音，音調與速度仍設定爲正常。

結合開發板積木，完整程式如下所示。

5.點選執行

　　點選編輯器右上角的執行按鈕，只要點選相對應的怪獸即會發出相對應的語音，所以紅色怪獸會出現「Hello」的訊息，並且發出 Hello 的語音，如下圖所示。

習題

01. 請寫出在怪獸舞台中讓四隻怪獸自動旋轉的程式。

02. 請寫出讓怪獸跟著滑鼠移動且會自動旋轉的程式。

Chapter 5
邏輯類積木的應用

第三章已經說明基本類積木有哪些以及如何運用，接下來在本章中將是學習輸入、邏輯判斷、變數、陣列與數學類積木的使用，例如：上課太吵就不能下課、下雨就不能外出等生活常見語句都能利用邏輯類積木來完成程式，以下將以幾個實作範例來說明 Web:Bit 邏輯類積木的應用。

本章所使用的積木如下所示。

1. 開發板
2. 文字類
3. 偵測光線
4. 邏輯
5. 變數
6. 數學類
7. 怪獸控制

☆ 5.1　實作 01：如果天黑了，那麼就點亮路燈

目前已介紹過 Web:Bit 基本類積木的應用以及第二章說明如何撰寫 Web:Bit 的程式，再來就要介紹基本控制結構中的選擇結構，此時即是需要應用邏輯類積木。選擇結構為程式流程進入判斷後，會判斷測試條件是否成立，然後依據判斷的結果選擇程式的流向，這就是「邏輯判斷」。在日常生活中有許多實際例子，教師可以引導學生結合生活中的實例來實際運用在 Web:Bit 開發板上。

5.1.1　實作內容說明

此實作利用「如果……就執行……」的邏輯概念去完成「如果天黑了，那麼就點亮路燈」，可以將條件設為「光線亮度」小於 60，並搭配 LED 矩陣積木來完成程式。

5.1.2 單元學習目標

本單元學習目標有以下三項：
1. 能認識邏輯類積木。
2. 能正確使用邏輯類積木去撰寫正確程式。
3. 能測試程式條件是否成立，如有錯，能正確修改。

5.1.3 運算思維內涵

以下為本實作範例所應具備之運算思維內涵。
1. 能使用邏輯推理來預測結果（AL）。
2. 能設計解法（演算法），進行重複與雙向選擇結構（如果……然後……否則……）（AL）。
3. 運用邏輯推理來解釋演算法的運作（AL）（AB）（DE）。
4. 宣告一個變數並賦予值（AB）。

5.1.4 認識邏輯類積木

利用「邏輯」的積木，搭配九種邏輯判斷的積木（判斷式、邏輯運算子、數字型態、空值等等），此實作利用「如果……就執行……」邏輯積木搭配判斷式（＞、＜、＝、≦、≧、≠）來加以完成程式。

以下即為 Web:Bit 中的邏輯類積木。

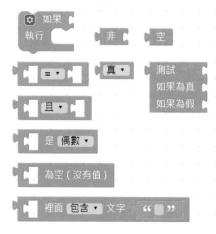

邏輯類積木介紹說明如下（慶奇科技，2021）。

1. 邏輯判斷

「邏輯判斷」積木預設有兩種型態的組裝「缺口」，在上方比較小的是「判斷條件」，下方比較大的是「執行內容」，代表著如果情況滿足判斷條件（判斷回傳為「真」或「ture」），就會執行對應的內容。

此時若使用點選左上方的藍色小齒輪，可以新增邏輯判斷的條件，點一下可以打開，再點一下可以關閉。

邏輯判斷條件有三種：「如果」一定是在第一層，「否則如果」位在中間，「否則」一定在最後，「否則」的判斷條件表示當「如果」和「否則如果」的條件都沒有滿足，就會執行「否則」的內容。

如果只有兩個條件，例如非 A 即 B，就可以單純使用「如果」和「否則」就可以，甚至可以不使用「否則」，這樣在條件外就不會進行任何動作。

2. 判斷條件式

上述九個邏輯類積木中，主要是判斷條件式的積木，而此種判斷條件在生活上運用的例子相當地多，例如：如果天黑了，就點燈；如果空氣汙染達到紫爆時，就無法到戶外去上課了等等。

判斷條件的積木，主要分為等於（＝）、不等於（≠）、大於（＞）、小於（＜）、大於等於（≧）、小於等於（≦）等幾種判斷的條件，此時請選取判斷條件式積木後選擇「小於等於（≦）」的條件，如下圖所示。

因此，若以上述中天黑了，就需點燈，使用者可以利用 Web:Bit 中的光敏感測器積木，若流明度小於 60 則提醒要開燈，程式完成如下圖。

3. 邏輯運算子

「邏輯運算子」積木為邏輯判斷提供了更彈性的判斷條件，當中包含了「且」與「或」，如果使用「且」，在兩端判斷的條件空格必須都滿足時，才會執行動作，如果使用「或」，只要其中一個條件空格滿足就會執行動作。通常當邏輯判斷裡出現「如果否則」的時候，就會用到邏輯運算子，而邏輯運算子常常和判斷條件的積木搭配使用。

4. 判斷數字型態

「判斷數字型態」積木可以幫助使用者快速判斷奇數、偶數、整數、數字有小數點、文字或陣列，用法上只要直接放入判斷條件的缺口內即可。

5. 判斷空值

「判斷空值」積木主要是針對和「陣列」積木搭配，如果是空值回傳真，否則回傳假。其中會產生空值有幾種情況：「無文字、數字 0、空陣列、空值、FALSE（假）、沒有值的變數」，如果判斷這幾種情況是否為空，就會回傳 TRUE。

6. 判斷是否包含文字

「判斷是否包含文字」積木可以檢查某段文字內，是否包含或不包含了指定的文字或文字段落。

7. 非

「非」積木就如字面一樣，表示「不是什麼」，通常會和「真 / 假」或「空值」的積木搭配使用。如果把積木接在「非」的積木後面，狀態就會相反過來，例如空就會變成非空、真就會變假，假就會變真，依此類推。

8. 真/假

「真 / 假」積木主要表示 TRUE（真）與 FALSE（假）兩個值，目的在讓判斷的時候在數字、文字之外，多一些判斷的條件，同時也可以將 TRUE 和 FALSE 提交給變數，在部分情境下也相當好用。

9. 空

　　在寫程式的時候，有時候會遇到某個變數或是某個數值變成空值（null），這時就可以使用空值的積木判斷，用法和「眞 / 假」的用法類似。

10. 三元邏輯運算子

　　「三元邏輯運算子」積木是針對只有「兩種條件」，並根據條件傳回「兩個運算式」的其中一個。

5.1.5　單元編輯程式

　　天黑點燈，判斷條件式爲「光線亮度」小於 60 時則需要點燈，步驟如下所示。

1. 選取Web:Bit開發板的積木

　　請選擇開發板的積木，並點選使用模擬器控制，如下圖所示。

2. 選取「如果是」積木

　　請從邏輯類積木中選取如果執行的積木，如下圖所示。

3. 選取「判斷條件式」積木

　　請從邏輯類的積木中選擇判斷條件式積木，並且選擇小於等於，如下圖所示。

　　選取之後請與如果執行的積木結合。

4. 選取「偵測光線&溫度」積木

　　選取偵測光線與溫度的積木，自行選擇右上或左上的亮度，如下所示。

　　此時再選擇數學類積木中的一個數字，輸入 60，再結合上述判斷條件式積木與偵測光線與溫度積木，如下所示。

5. 選取「怪獸控制」積木

　　此時請選取「怪獸控制」積木，選擇綠色怪獸說，並輸入請開燈，如下圖所示。

結合 Web:Bit 開發板積木，結果如下所示。

6. 點選執行

　　點選編輯器右上角的執行按鈕，即會當流明度小於 60 時，綠色怪獸會出現請開燈的訊息，如下圖所示。

上述結果中，左邊的流明度為 0，低於 60，所以綠色怪獸會顯示「請開燈」的訊息，但是上述程式中並不容易出現此種執行結果，不過這種情形並非是程式邏輯問題，這是一個可正常執行的程式，所以請思考，在何種情形下，容易在模擬器中出現上述的結果？需要考慮什麼因素。

☆ 5.2　實作 02：好受到稱讚，不好則要更努力

「當我們考試考好時，會受到稱讚，考不好時，則要更加努力才行」透過簡單的邏輯概念，將它代入程式當中，會發現程式應用其實跟我們生活中息息相關，以下將依簡單的邏輯判斷來實作 Web:Bit 的程式。

5.2.1　實作內容說明

此實作利用「如果……（符合條件）就……、否則（不符合條件）就又……」邏輯來造句，生活當中有許多例子，像是「如果室內溫度太高，那麼就啟動冷氣開關，否則就關閉冷氣開關」，學生可以透過這種邏輯造出很多句子來，並搭配邏輯積木來完成程式。

5.2.2　變數積木

變數積木中有「設定變數為」、「變數改變」與「變數」等三個積木，如下所示。

此三個積木可以來設定變數以及賦予變數中的值，何謂「變數」，變數簡單地說即是會改變的數，相對地不會改變的數稱之為常數，變數是一個用來表示值的符號，當然也可以將變數想像成一個盒子，而可以將變數的這個盒子放進不同的數值。

　　變數要使用之前，要先為變數取一個合適的名字，中文名或者是英文名字皆可，然後再給變數一個初始值，值可以是文字、數字、陣列、顏色或者是邏輯，若以下設定一個溫度的變數，目前這個溫度變數的值為 37，設定步驟則可以表示如下所示。

1. 選取變數類積木中的設定變數積木

　　選取變數類積木中的設定變數積木，並選擇新變數，如下圖所示。

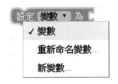

2. 設定新變數名稱

　　接下來設定新變數名稱，例如溫度，設定完之後點選確定後完成。

3. 變數設定新值

　　此時變數類積木中即會出現一個設定溫度的積木，因為本範例是設定溫度的值為 37，所以在數學類積木中選取一個值，並將數值設定為 37 後，與設定溫度積木合併，如下圖所示。

　　此即完成變數的命名以及設定變數值的動作了。

5.2.3　單元編輯程式

　　按造句「考試成績好會受到稱讚，考不好時則要更努力才行」去選取積木。

1. 選取Web:Bit開發板的積木

請選擇開發板的積木，並點選使用模擬器控制，如下圖所示。

2. 設定考試分數變數

設定考試分數的變數，並且設定其值為 90，如下圖所示。

3. 選取「如果否則」積木

從邏輯積木中選取「如果否則」程式積木的使用，點選左上方藍色小齒輪，可以新增否則的項目，如下圖所示。

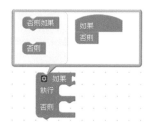

4. 選擇判斷條件式積木

請選擇判斷條件式並且輸入「考試分數」大於等於 85 分，之後再選擇怪獸控制的積木輸入相關的描述，如下圖所示。

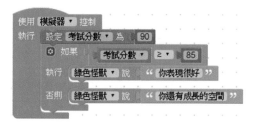

5.點選執行

　　點選編輯器右上角的執行按鈕，因為目前考試分數為 90，所以綠色怪獸會出現「你表現很好」的訊息，如下圖所示。

⭐ 5.3　實作 03：天氣好的話，我會去找你遊玩

　　本實作範例是將「天氣好的話，我會去找你遊玩」這句話代入邏輯判斷的程式當中，利用天氣溫度來作為判斷的條件，當溫度小於等於 25 度，則讓 Web:Bit 中的小怪獸們說話或出現其他的動作表現，同學們都可以嘗試看看，以下將依簡單的邏輯判斷來實作這個 Web:Bit 的程式。

5.3.1　實作內容說明

　　此實作利用「重複」積木與「偵測光線 & 溫度」積木做結合，只要天氣溫度 ≦ 25 度，綠色怪獸就會說我去找你玩，紅色怪獸則是情緒為難過。

5.3.2　偵測光線溫度積木

　　以下為偵測光線與溫度的積木。

> ● 亮度 左上 ▾ 的數值（流明）

> ● 溫度的數值（℃）

　　偵測光線分別可以偵測左上和右上的亮度變化，偵測的單位為流明，數值區間為 0~1,000 的整數，溫度偵測的單位為度 C，數值可到小數點兩位。偵測光線和溫度積木必須搭配「開發板」積木，選擇模擬器，執行後

可以使用滑鼠拖拉模擬器的燈泡或火焰，選擇 USB，執行後會透過 USB 連線方式控制實體開發板，選擇 Wi-Fi 則可透過 Wi-Fi 指定 DeviceID 操控。

5.3.3　單元編輯程式

選取「偵測光線 & 溫度」積木中的積木並設條件為 ≦ 25 度，小於或等於 25 度則綠色怪獸說我去找你玩，超過 25 度則紅色怪獸情緒為難過。

1. 選取Web:Bit開發板的積木

請選擇開發板的積木，並點選使用模擬器控制，如下圖所示。

2. 選取「如果否則」積木

選取邏輯積木中的「如果否則」程式積木，點選左上方藍色小齒輪，可以新增否則的項目，如下圖所示。

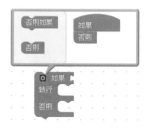

3. 選取判斷條件式積木

請選擇邏輯類的積木中選擇判斷條件積木，並選擇小於等於，如下圖所示。

選取之後請與如果否則的積木相結合。

4. 選取偵測光線&溫度的積木

請選取偵測光線與溫度積木中的溫度設值積木,如下圖所示。

此時再選擇數學類積木中的一個數字,輸入 25,再結合上述判斷條件式積木與偵測光線與溫度積木,如下所示。

5. 選取怪獸控制積木

此時請選取「怪獸控制」積木,選擇綠色怪獸說,並輸入我去找你玩,選擇紅色怪獸情緒改為難過,如下圖所示。

6. 點選執行

點選編輯器右上角的執行按鈕,當溫度數值≦ 25 時,綠色怪獸會說我去找你玩,紅色怪獸的情緒為難過,如下圖所示。

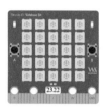

　　上述模擬器的實作結果，移動火把控制溫度為 23.22，此時因為溫度的
數值小於程式所設定的 25，所以綠色怪獸會出現「我去找你玩」的訊息，
而紅色怪獸出現的情緒為難過的表現。

⭐ 5.4　實作 04：發燒有症狀，需看醫生和休息

　　以下將利用另外在邏輯判斷中需同時存在才成立的條件狀況，實例是
以目前社會大眾對於流感的重視，例如：「當人體體溫超過 37.5 度且有感
冒症狀時，就要去看醫生和好好休息」，利用 Web:Bit 的程式來加以實作，
同學們也可以思考具有邏輯概念句子運用在程式中。

5.4.1　實作內容說明

　　此實作為邏輯積木與怪獸控制積木的結合，利用「人體體溫 ≧ 37.5 度」
且「有感冒症狀」等兩個變數，判斷是否同時成立時，設定紅色怪獸和黃
色怪獸的動作，即可完成，如下所示。

5.4.2   單元編輯程式

以下將逐步來說明實作發燒有症狀，需看醫生和休息的實作過程。

1. 選擇Web:Bit開發板的積木

請選擇開發板的積木，並點選使用模擬器控制，如下圖所示。

2. 選取「設定變數」積木

設定體溫與感冒症狀等二個變數，其中體溫初始值為 38，而感冒症狀為真，如下圖所示。

3. 選擇「如果否則」的程式積木

選取邏輯積木中「如果否則」程式積木，點選左上方藍色小齒輪，可以新增否則的項目，如下圖所示。

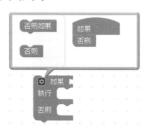

4. 選擇「判斷條件式」的程式積木

請選擇邏輯類的積木中選擇判斷條件積木，並選擇且，另外再選擇一個判斷條件式，選擇大於等於，如下圖所示。

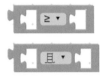

目前有二個條件，第一為體溫是否大於 37.5，而第二個條件則是否有感冒的症狀，當二者同時成立時則需要去看醫生，因此與上述的變數結合如下所示。

選取之後請與如果否則的積木相結合，如下所示。

5. 選取「怪獸控制」積木

此時請選取「怪獸控制」積木，選擇紅色怪獸說，並輸入趕快去看醫生，選擇藍色怪獸說，並輸入要多注意健康，如下圖所示。

再結合開發板與變數設計等積木，完整程式如下圖所示。

6. 點選執行

點選編輯器右上角的「執行」按鈕，因為目前的體溫是 38，而且有感冒症狀，所以紅色怪獸會說趕快去看醫生，如下圖所示。

透過本章節邏輯類積木的運用，學生對於邏輯概念有更深入的了解，也可以對應到日常生活中的例子去加強印象，並透過 Web:Bit 開發板撰寫程式去實際測試，下一章節將要帶領學生學習「迴圈類」的積木，學習如何反覆呈現事物的狀態或人的行為，並讓學生動手做做看。

01. 請寫出「如果溫度大於30度，則演奏音階低音F持續兩拍」的程式。

02. 請利用「下雨在家，不下雨出門玩」的句子搭配邏輯積木完成程式。

Chapter 6
迴圈類積木的應用

本章節將利用迴圈類積木連結生活常見的應用實例，例如：溫度、光線等事物進行結合，依照迴圈積木重複偵測的特性，能正確的判斷出當下的溫度及光線亮度，期許使用者能利用迴圈積木的特性與生活中更多事物進行結合並加以廣泛地使用。

本章所使用的積木如下所示。

1. 開發板
2. 矩陣 LED
3. 變數
4. 數學類
5. 重複
6. 怪獸控制

⭐ 6.1　實作 01：重複依序點亮一列燈

前面的章節已經介紹過如何利用 Web:Bit 開發板來顯示文字、數字、圖案之外，現在要學習如何利用程式來控制這 25 顆燈的亮滅。

6.1.1　實作內容說明

開始之前，請同學動腦思考如何讓一顆燈一顆燈陸續亮起，並實際操作看看。

6.1.2　單元學習目標

本單元學習目標有以下三項：

1. 能了解迴圈的概念。
2. 能運用迴圈概念去撰寫程式。
3. 能測試程式條件是否成立，如有錯，能正確修改。

6.1.3 運算思維內涵

本程式主要是利用 Web:Bit 開發板上的矩陣 LED 燈，讓其一顆接著一顆 LED 燈陸續亮起，包含的運算思維內涵如下所示。

1. 了解迭代是一個重複的過程，例如：迴圈（AL）。
2. 在迴圈中使用使用變數與關係運算子來管理終端（AL）（GE）。
3. 認識某些問題能共用一樣的特徵，並且能使用相同的算法去解決（AL）（GE）。
4. 在程式中檢測並修正簡單的指令錯誤（AL）。
5. 宣告一個變數並賦予值（AB）。

6.1.4 重複積木

認識以下為「重複」積木，有等待秒數、重複幾次、重複無限次、停止重複等積木。

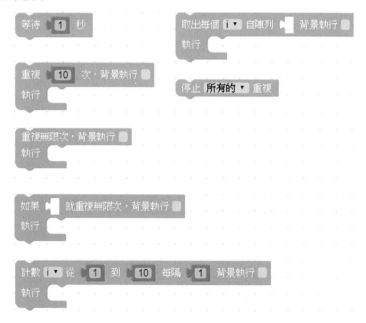

以下將依序說明重複類積木中的所有積木（慶奇科技，2021）。

1. 等待

重複類積木中的「等待」積木可以讓程式暫停一段指定的時間執行，當程式積木裡遇到等待積木，就會在等待指定的時間之後才會進行接續的程式動作。

2. 重複執行幾次

「重複執行幾次」積木，可以指定迴圈內的積木程式需要重複的次數，預設次數為 10 次。

3. 計數

「計數」積木有點類似「重複執行幾次」積木的進階版，其中主要的差別在於計數積木使用了一個變數，透過改變這個變數的數值，來決定程式中需要重複幾次、該如何重複以及重複的間隔為何？

4. 重複無限次

「重複無限次」積木會讓程式無止盡地一直執行迴圈，除非使用「停止重複」的積木，才會讓程式中重複的事件停止。

5. 判斷為真，就重複無限次

重複類積木中的「判斷為真，就重複無限次」積木等同於「重複無限次」積木加上「邏輯」判斷，只要空格內的邏輯判斷為「真」，就會開始進行無限重複。

6. 取出陣列元素並執行

重複類積木中的有別「取出陣列元素並執行」於上述的重複方式，「取出陣列元素並執行」積木是以陣列長度作為重複次數的依據，因此空格內必須放入陣列積木，執行後就會依序取出陣列內容並執行對應動作。至於陣列積木則會於往後的章節中再加以介紹說明。

7. 背景執行

「背景執行」是所有重複積木裡頭的功能選項（包括重複執行幾次、計數、重複無限次、判斷為真，就重複無限次、取出陣列元素並執行等 5

種重複積木），程式碼執行時會依序執行，因此會有前一段程式尚未完成前，無法執行下一段程式的情形，也因此大多數的情況在程式中大部分只能同時執行一個重複迴圈，然而若是利用背景執行的選項則可以讓重複的動作進入背景執行，此時就能同時使用多個重複迴圈。

8. 停止重複

重複類積木中的停止重複積木可以停止上述所有的重複行為，停止重複分成「停止畫面上所有重複」，或「放在重複迴圈內，停止所在位置的重複」等 2 種。

6.1.5 單元編輯程式

依序點亮一列燈，需要用到「矩陣 LED」積木來製作燈與「重複」積木來填入等待 1 秒的時間，以下實作的步驟。

1. 選擇Web:Bit開發板的積木

請選擇開發板的積木，並點選使用模擬器控制，如下圖所示。

2. 選取矩陣LED的積木

從「矩陣 LED」積木中選取「矩陣 LED 燈光為繪製圖案」積木來製作燈，預設值為白色，如下圖所示。

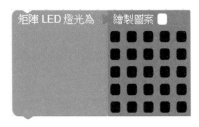

此時請選擇紅色，並且依序一個紅燈、二個紅燈至五個紅燈，並且為

了讓燈有序列點燈的感覺,請在每一次矩陣 LED 燈之中插入重複類積木的等待積木,並輸入等待 1 秒,如下所示。

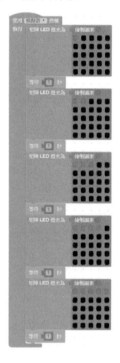

為了讓這一列的 LED 燈重複至少 10 次,可再加入重複積木。

4. 點選執行

點選編輯器右上角的執行控鈕,即會出現 LED 燈逐一點亮的結果,如下圖所示。

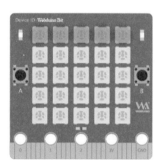

　　另外還有一種方式可以實作點亮一列 LED 燈的程式，實作步驟如下所示。

1. 選擇Web:Bit開發板的積木

　　請選擇開發板的積木，並點選使用模擬器控制。

2. 選取「矩陣LED」的積木

　　選取「矩陣 LED」積木中的「第幾顆燈」積木，並可自行設定要使「第幾顆燈」燈亮的序號與顏色，如下圖所示。

　　可參考開發板中矩陣 LED 燈第 1 至 25 個燈的順序，如下圖所示。

3. 綜合上述積木實作

　　綜合上述積木的實作，結果如下圖所示。

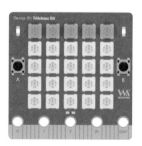

4. 點選執行

　　點選編輯器右上角的執行控鈕，即會出現點亮一列 LED 燈的結果，如下圖所示。

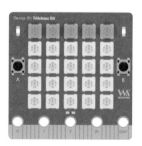

　　但會發現點完之後，第 2 次之後即不會有一系列點亮的情形，因此在每一次點完一系列燈之後要將 LED 燈關閉，修改程式如下圖所示。

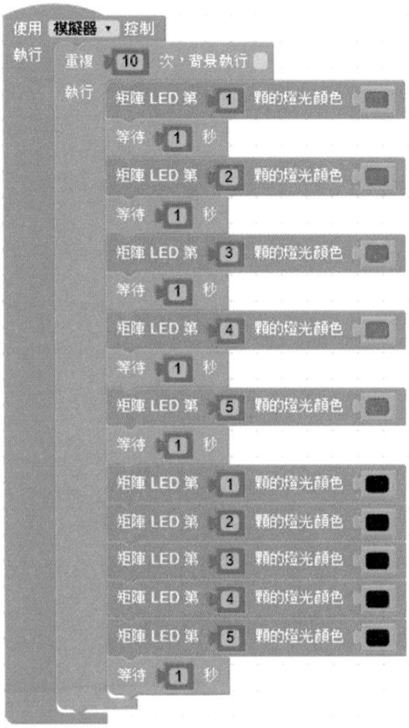

再次執行之後即會有一系列點亮的情形，之後亦可以將其中的積木利用變數與迴圈修改如下圖所示。

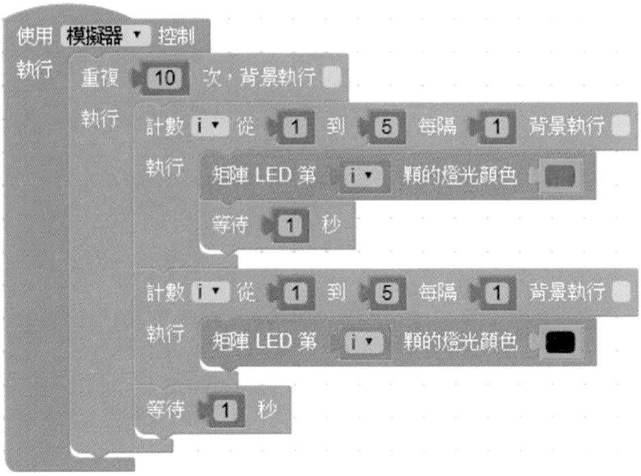

再次執行亦會發現有相同的結果，只是程式碼精簡許多，而這也是重複積木的優點。

⭐ 6.2　實作 02：全部小怪獸自動旋轉

此實作要讓全部的小怪獸能夠自動旋轉，主要利用「重複」積木與「怪獸控制」積木去操作小怪獸，同學們也可以想想看要如何讓小怪獸可以自動旋轉呢？

6.2.1　實作內容說明

利用「怪獸控制」積木去調整所有小怪獸的旋轉角度，並使用「重複」積木中的迴圈概念讓全部小怪獸可以自動旋轉，特別注意要記得設定「重複」積木中的「等待」積木秒數。

6.2.2　單元編輯程式

此實作讓全部小怪獸自動旋轉，綠色與黃色怪獸往左旋轉，紅色與藍色怪獸則往右旋轉，全部旋轉角度為 10 度，等待時間為 0.1 秒，實作步驟如下所示。

1. 選擇Web:Bit開發板的積木

請選擇開發板的積木，並點選使用模擬器控制，如下圖所示。

2. 選取「重複」積木

選取重複積木中的「重複無限次，背景執行」積木，才可以讓怪獸不停的自動旋轉，如下圖所示。

3. 選取「怪獸控制」積木

使用者若想讓各種怪獸走的方向或是旋轉角度，都可以自行調整，如下圖所示。

4. 選取「重複」積木

選取重複積木中的「等待秒數」積木，並設定秒數為 0.1 秒。

綜合上述積木的實作，結果如下圖所示。

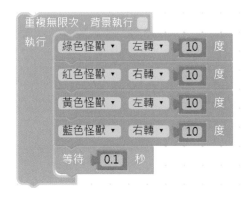

5. 點選執行

點選編輯器右上角的執行按鈕，即會出現所有的小怪獸都會不停的自動旋轉，如下圖所示。

⭐ 6.3　實作 03：一閃一閃的紅燈綠燈

　　交通法規對於日常生活中一直都是扮演著相當重要的角色，隨著時代的進步，隨著科技的發展，交通在我們的日常生活中發揮著越來越重要的作用，隨之而來地在對學生進行交通教育的過程中，意識到交通安全對於孩子來講變成一種需要的生活技能，而本實作即是利用 Web:Bit 來實作紅燈綠燈的交互閃亮。

6.3.1　實作內容說明

　　本實作是利用重複的積木與 LED 燈來交叉閃亮紅燈與綠燈，迴圈在運算思維中是相當重要的內涵，因此對於重複的操作在程式設計中是必須要具有的素養，以下將以交叉閃亮紅燈與綠燈的實作步驟說明如下。

6.3.2　單元編輯程式

　　以下將逐步地說明一閃一閃的紅燈綠燈實作的過程步驟。

1. 選擇Web:Bit開發板的積木

　　請選擇開發板的積木，並點選使用模擬器控制，如下圖所示。

2. 選取變數積木

選取變數積木，命名新變數 a、b 分別是紅燈與綠燈閃的次數，並從數學積木中選取值輸入 300、700，並且與變數結合，如下圖所示。

3. 選取「重複」積木

選取二個重複積木中的「計數」積木，變數分別命名 i、j，起始值為 1，終止值分別爲上述所設計的紅燈與綠燈所要閃的次數變數 a、b，如下圖所示。

並與上述的積木結合如下圖所示。

接下來要設計紅燈與綠燈，所以利用矩陣 LED 燈積木來完成。

4. 選取矩陣LED燈

選取矩陣 LED 燈，設計成紅燈與綠燈，並且再增加怪獸控制的積木來顯示目前紅燈綠燈閃燈的次數，最後與上述積木結合，如下圖所示。

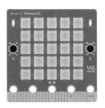

5. 點選執行

　　點選編輯器右上角的執行按鈕，即會看到先顯示紅燈 300 次之後，再顯示綠燈 700 次，如下圖所示。

6. 選取重複積木

　　為了要達成紅燈亮完綠燈亮，並且一再重複，所以建議再選取重複積木中的「重複無限次，背景執行」積木，才可以讓紅綠燈不停地閃，如下圖所示。

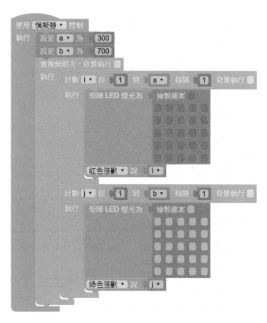

☆ 6.4　實作 04：雙重迴圈的九九乘法

　　「九九乘法」是一種簡便的運算方法，名稱的由來是因為古代乘法的口訣是從「九九八十一」起一直念到「二二如四」止。因為口訣是從「九九」兩個字開始，所以古人就用「九九」作為乘法口訣的簡稱，一直沿用至今，而現在的「九九乘法」則是從「二一得二」到「九九八十一」止。將九九乘法背熟這件事是非常重要的，因為背熟九九乘法，如同練就數學的基本功，基本功的基礎打得穩固，計算速度增快許多，同時也會增加考試答題的正確度與速度，孩子的自信心也因而會提升，本範例利用重複積木與小怪獸來說明如何利用 Web:Bit 來製作九九乘法。

6.4.1　實作內容說明

本實作是利用 Web:Bit 中計數的重複積木來設計九九乘法，因為其中的迴圈與上述實作中最大的不同在於本實作的迴圈是迴圈中有迴圈，而此種迴圈亦稱為巢狀迴圈，巢狀迴圈有多層迴圈，也就是迴圈中還有迴圈。

巢狀迴圈其實很像時鐘，當秒針從 0 轉到 59 的時候，分針才會加 1，然後秒針又從 0 開始，也就是說，當秒針轉一圈，分針才加 1，用巢狀迴圈來比喻，秒針就是內層迴圈，分針就是外層迴圈，當內層迴圈執行一輪之後，外層迴圈才會進到下一項，而本實作中的九九乘法即是利用巢狀迴圈來完成。

6.4.2　單元編輯程式

以下將逐步地說明利用巢狀迴圈實作九九乘法的過程步驟。

1. 選擇Web:Bit開發板的積木

請選擇開發板的積木，並點選使用模擬器控制，如下圖所示。

2. 選取重複積木

選取二個重複積木中的「計數」積木，變數分別命名 i、j，起始值分別為 2 與 1，終止值則為 9，並且請注意，因為要設計成巢狀迴圈，所以要注意其擺放的位置，如下圖所示。

3. 選取怪獸控制、變數、數學、重複積木

此時選取怪獸控制說來顯示第一個迴圈與第二個迴圈的計數值,如下圖所示。

選取變數積木中,新增一個新變數 sum,並且從數學積木中將第一個迴圈與第二個迴圈相乘的積指定給 sum,如下圖所示。

接下來再從怪獸控制的積木再選取一個怪獸說的積木來顯示乘積 sum,此時為了要讓讀者看到計數的結果,所以再利用重複積木的等待每一次 1 秒,結合上述積木後,如下圖所示。

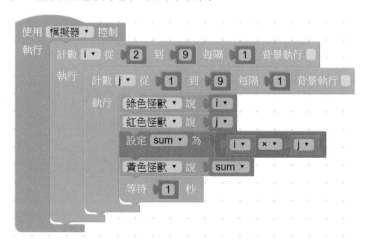

4. 點選執行

點選編輯器右上角的執行按鈕,即會看到綠色、紅色與黃色怪獸顯示九九乘法表,以下圖為例即是表示 $3 \times 9 = 27$。

　　此章節教導迴圈類積木的概念，引導學生學會設計事情反覆發生或重複行為的狀態，並強調迴圈有重複偵測的重要觀念，加入小怪獸讓學生可自行調整轉動方向與角度，使學生感受到學習的樂趣，下一章節將引入「音效類」積木的運用，體驗不同的音樂與聲音。

 習題

01. 請利用繪製圖案積木來繪製一顆接一顆陸續亮起的愛心。

02. 請利用迴圈概念讓小怪獸邊旋轉邊向上移動。

Chapter 7
音效類積木的應用

Web:Bit 的第六章節爲音效類積木的應用，音效類積木包含「音樂 &
聲音」和「語音 & 音效」兩類積木，兩類積木都可以讓學生依自行
創作的樂譜並撰寫程式，最後播放出來，也可與「蜂鳴器」做結合使用，
以下將利用 4 個實作來介紹 Web:Bit 中音效類積木的實際應用。

本章所使用的積木如下所示。

1. 開發板
2. 按鈕
3. 重複
4. 語音音效
5. 音樂聲音
6. 怪獸控制

☆ 7.1   實作 01：播放「超級瑪琍」

Web:Bit 開發板除了前面章節所介紹的全彩 LED 矩陣及兩個按鈕開關
外，還內建有一個蜂鳴器、兩個光敏電阻（光敏感應器）、一個溫度感應
電阻（溫度感應器）及一個九軸感測器。

本章節將會利用「蜂鳴器」搭配「音樂 & 聲音」積木來演奏音樂，也
可以播放自己所輸入樂譜的音樂。

7.1.1   實作內容說明

此實作使用「蜂鳴器」搭配「音樂 & 聲音」積木來演奏音樂，「音樂
& 聲音」積木有許多不同的音階或自訂節拍供同學加以利用。

7.1.2   單元學習目標

本單元學習目標有以下三項：

1. 能認識蜂鳴器與音樂 & 聲音積木的使用。
2. 能正確使用音樂 & 聲音積木去撰寫程式。

3. 能自己做出一首音樂並完成程式且演奏它。

7.1.3　運算思維內涵

　　本單元主要是利用 Web:Bit 音效類的積木來播放音樂，培養學習者的運算思維內涵主要包括以下四項，說明如下。

　　1. 能使用邏輯推理來預測程式的行為（AL）。
　　2. 創作一支程式，以實作演算法來達成被給予的目標（AL）。
　　3. 能知道面對同一問題存在著不同的演算法（AL）（GE）。
　　4. 了解迭代是一個重複的過程，例如：迴圈（AL）。

7.1.4　音樂 & 聲音積木

　　Web:Bit 編輯器的音樂 & 聲音積木如下，包含演奏某個音階、休息、預設音樂和停止演奏等積木，如下圖所示。

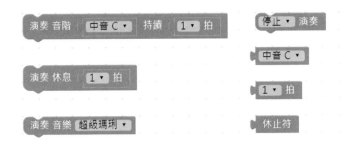

　　音樂與聲音積木說明如下所示（慶奇科技，2021）。

1. 演奏音階

　　音樂與聲音積木中的「演奏音階」積木可以演奏三個八度音階，同時亦可指定每個音階的拍子，拍子分為 1/16、1/8、1/4、1/2、1 和 2 拍。

2. 演奏休息

　　「演奏休息」積木表示該拍子沒有聲音，等同於使用演奏音階積木搭配休止符積木。

3. 演奏音樂

「演奏音樂」積木包含超級瑪琍、超級瑪琍和弦、真善美、哥哥爸爸真偉大和叮叮噹五首音樂,可以獨立使用或配合音階積木來加以搭配使用。

4. 停止／暫停／繼續演奏

「停止／暫停／繼續演奏」積木可以控制音樂演奏的行為。

7.1.5 單元編輯程式

1. 選擇Web:Bit開發板的積木

請選擇開發板的積木,並點選使用模擬器控制。

2. 選取「音樂&聲音」積木

選取音樂和聲音積木中的「演奏音樂」積木,並設定為「超級瑪琍」這首曲子,如下圖所示。

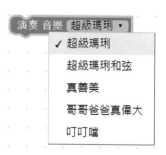

3. 綜合上述積木的實作

綜合上述積木的實作,結果如下所示。

4. 點選執行

　　點選編輯器右上角的執行按鈕，Web:Bit 模擬器將會開始演奏超級瑪琍這首曲子，也可以利用 Web:Bit 開發板操作看看，此時若覺得聲音的音質不夠優質，也可以搭配擴充板利用外接的喇叭來執行音樂與聲音積木。

☆ 7.2　實作 O2：播放「兩隻老虎」

　　上述的實作是播放 Web:Bit 內建的音樂，而本實作則是自行輸入樂譜的方式來播放音樂。

7.2.1　實作內容說明

　　此實作的兩隻老虎是 Web:Bit 內建沒有的音樂，可以透過網路上搜尋兩隻老虎的樂譜，並將音階與節拍輸入音樂&聲音積木，就可以演奏出來！

7.2.2　單元編輯程式

　　利用兩隻老虎的樂譜，將音階與節拍輸入音樂和聲音積木中的「演奏音階」中，就可以按下執行鍵演奏兩隻老虎囉！

1. 選擇Web:Bit開發板的積木

　　請選擇開發板的積木，並點選使用模擬器控制。

2. 選取「音樂&聲音」積木

　　選取音樂&聲音積木中的「演奏音階」積木，如下圖所示。

3. 輸入「兩隻老虎」的樂譜

包含音階及節拍的資料，可參考一下樂譜。

輸入「兩隻老虎」部分樂譜後，如下圖所示。

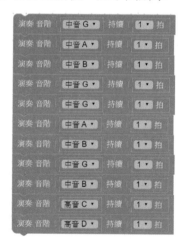

4. 選取「按鈕開關」積木

選取按鈕開關積木中的「當按鈕開關 A/B/A+B 被按下 / 放開，執行」積木，這裡設定爲「當按鈕開關 A 被按下」，如下圖所示。

5. 綜合上述積木的實作

綜合上述積木的實作，結果如下圖所示。

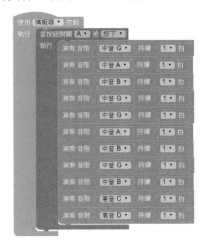

6. 點選執行

點選編輯器右上角的執行按鈕，Web:Bit 模擬器將會開始演奏兩隻老虎這首曲子。

仔細查看樂譜可以發現有許多部分都是重複的，因此若要播放整首曲子可以利用重複的積木來精簡程式，如下所示。

7. 選取重複

選取重複，將重複的部分利用重複積木來加以完成，這首曲子主要可以分成四個部分，而每部分都是重複二次，所以若是利用重複積木來加以設計，可如下所示。

上述程式可以得知，善用重複積木可以精簡程式，並且也會提高程式的可讀性。

⭐ 7.3　實作 03：小怪獸發出音效

利用「語言 & 音效」積木中的音效功能，讓小怪獸發出動物、人聲、特殊音效，還可以朗讀文字，內容不論是中文或是英文都可以順利完成。

7.3.1 實作內容說明

此實作要認識在「語言 & 音效」積木中的「特殊音效」，分成三個項目，分別為動物、人聲和特殊音效，動物音效，並且將與「怪獸控制」積木所結合，而我們可以指定小怪獸發出所設定的音效。

7.3.2 語言 & 音效積木

下圖為「語言 & 音效」積木，裡面有包括特殊音效、語音朗讀與語音辨識，其中的特殊音效則包括播放動物音效、人聲音效、特殊音效等積木。

1. 特殊音效

特殊音效分成三個項目，分別是動物、人聲和特殊音效。

2. 語音朗讀

語音朗讀是透過電腦的語音合成器，唸出我們指定的語言，Web:Bit 教育版的語音朗讀可以輕鬆做出語音報時器、語音通知、語音對話等創意應用，更可以調整語音的速度和音調，變化出許多有趣的花樣。其中的語音朗讀積木包含三種語言（中文、英文或日文），五種音調和五種速度。

3. 語音辨識

隨著科技的技術日新月異，過去在行動裝置才能使用的語音辨識功能，如今 Web:Bit 編輯器也能完整實現，Web:Bit 結合 Google 語音辨識的技術，如果電腦有麥克風，就能輕鬆做出「Hey Siri」或「OK Google」的有趣聲控效果。其中的語音辨識積木可以分別識別中文和英文的語言，無法進行

中英文夾雜的混合辨識。

7.3.3　單元編輯程式

　　此實作要讓小怪獸發出音效，搭配「怪獸控制」的積木與「語音＆音效」積木，執行後，用滑鼠點擊小怪獸就會發出對應的特殊音效。

1. 選擇Web:Bit開發板的積木

　　請選擇開發板的積木，並點選使用模擬器控制。

2. 選取「怪獸控制」積木

　　選取怪獸控制積木中的「當滑鼠點擊怪獸，執行」積木，並分別設定「當滑鼠點擊綠色怪獸，執行」以此類推，如下圖所示。

3. 選取「語音&音效」積木

　　選取語音＆音效積木中的「播放動物音效」的積木，有貓、狗、獅子、大象、小雞等動物的音效，並設定四隻怪獸所播放的動物音效。

4. 綜合上述積木實作

綜合上述積木實作，結果如下所示。

當滑鼠點擊「綠色怪獸」，執行播放動物音效「貓」。

當滑鼠點擊「紅色怪獸」，執行播放動物音效「狗」。

當滑鼠點擊「黃色怪獸」，執行播放動物音效「鴨子」。

當滑鼠點擊「藍色怪獸」，執行播放動物音效「隨機」。

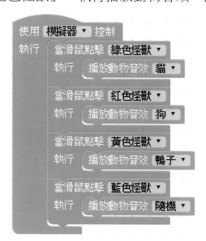

5. 點選執行

　　點選編輯器右上角的執行按鈕，Web:Bit 模擬器將會讓全部小怪獸發出音效，也可以利用 Web:Bit 操作看看。

7.4　實作 04：小怪獸展示圖片

　　此實作跟上個實作一樣都是使用怪獸控制積木、語音 & 音效積木，操作怪獸的音效與方向，這次還有使用展示圖片這個功能，並加入重複積木來控制怪獸們發出特殊音效。

7.4.1　實作內容說明

　　利用輸入圖片網址來讓綠色怪獸展示出來，並搭配重複積木中的等待秒數積木，來讓其他怪獸接續發出所設定的特殊音效。

7.4.2　單元編輯程式

　　本實作將利用在網路搜尋的圖片，將圖片網址填入怪獸積木中的圖案網址的位置，同時設定紅色怪獸面朝 30 度，發出「骰子聲」，黃色怪獸面朝 -30 度，發出「汽車喇叭」，綠色怪獸面朝 30 度，發出「腳踏車鈴鐺」的音效積木，實作步驟如下所示。

1. 選擇Web:Bit開發板的積木

　　請選擇開發板的積木，並點選使用模擬器控制。

2. 選取「怪獸控制」積木

　　本實作將利用小怪獸來顯示圖片，所以先選擇需要顯示的圖片，以下為例，利用網路找到圖片並複製圖片的網址。

除了AI科技成果的展現，屏東大學推動的大學社會實踐責任計畫「未來偏鄉三師共學模式」，主要強調3T共學模式，包括教學能力(Teach)(learn Together)與資訊科技(Technology)，同樣結合大學端教授、小師實生的力量，將數位科技能融入教材中，以精進彼此專業知識與教學能力。

此張圖片的網址為 http://www.cedu.nptu.edu.tw/ezfiles/2/1002/img/1309/90439389_2586918041524584_5829806238984044544_o.jpg，因此下個步驟即會用到這個資訊。

選擇怪獸控制積木中的展示圖片，並將圖片的網址填入，如下所示。

3. 選取「重複」積木

選擇重複積木中的等待秒數積木，並設定為 1 秒，如下圖所示。

4. 選取「怪獸控制」積木

選擇怪獸積木中的「怪獸面朝幾度」積木，並將紅色怪獸設定面朝 30 度，黃色怪獸面朝 -30 度，藍色怪獸面朝 30 度，如下圖所示。

5. 選取「語音&音效」積木

選取語音和音效積木中的「播放特殊音效」積木，並設定紅色怪獸的特殊音效是「骰子聲」，黃色怪獸特殊音效是「汽車喇叭」，藍色怪獸特殊音效是「腳踏車鈴鐺」，如下圖所示。

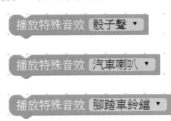

6. 綜合上述積木實作

綜合上述積木實作，結果如下所示。

7. 點選執行

　　點選編輯器右上角的執行按鈕，Web:Bit 模擬器將會讓小怪獸發出音效，同時展示圖片，如下圖所示。

　　此章節學習到如何在程式裡運用到音效，音效的類別很廣泛，可以讓學生發揮自己的創意去選擇音效，並搭配在自己的程式裡面，也可以跟同學互動，下一章節將是所有學過內容的綜合運用，並期待同學可以把學習過的內容再次複習與運用。

 習題

01. 讓小怪獸一邊說話一邊發出音效（使用：怪獸控制與語音&音效積木）。

02. 讓學生選擇兩首喜歡的歌曲並撰寫程式，用蜂鳴器演奏出來（使用：開發板&音樂&聲音積木）。

Chapter 8
綜合應用實作練習

本章為綜合運用實作練習，將前面章節所學過的基本類積木、邏輯類積木、迴圈類積木、音效類積木做結合，並加入其他積木，像是怪獸控制、按鈕開關、偵測積木等等，希望使用者可以利用這些積木，與日常生活中的例子加以配合運用。

本章所使用的積木如下所示。

1. 開發板
2. 矩陣 LED
3. 文字類
4. 偵測
5. 九軸體感
6. 邏輯
7. 變數
8. 重複
9. 語音音效
10. 怪獸控制

☆ 8.1　實作 01：剪刀石頭布的隨機出拳遊戲

將日常生活中常使用的剪刀石頭布遊戲，運用到 Web:Bit 開發板上，除了訓練學生熟悉邏輯與 LED 矩陣積木的能力，讓學生體驗 Web:Bit 的樂趣。老師也可以進一步引導學生將剪刀石頭布遊戲做改良或加深它的難度，以下將逐步說明如何實作的歷程。

8.1.1　實作內容說明

此實作為邏輯積木與 LED 矩陣積木的結合運用，將生活中常會玩的遊戲剪刀石頭布遊戲帶入程式中，並設定出拳數字所搭配的猜拳圖案與顏色，就可以利用此實作跟同學比賽。例如：當猜拳數字是 1 時，LED 矩陣出現的圖案就是紅色的剪刀，以此類推。

8.1.2 單元學習目標

本實作單元主要的學習目標包括以下三項。

1. 熟練運用邏輯積木使用方法。
2. 熟練 LED 矩陣積木使用方法（自選圖案與顏色功能）。
3. 能依照題目撰寫程式，並成功測試。

8.1.3 運算思維內涵

本程式主要是在 Web:Bit 上表徵圖示，所培養學習者的運算思維內涵主要包括以下五項，說明如下。

1. 能知道演算法的設計與編成中的表達方式並不相同（取決於可用的編程結構）（AL）（AB）。
2. 以程序來設計、書寫與對程式進行除錯（AL）（DE）（AB）（GE）。
3. 設計與撰寫巢狀的模組化程式，盡可能地利用子程式來加強與現實重複使用性（AL）（AB）（GE）（DE）。
4. 宣告一個變數並賦予值（AB）。
5. 了解迭代是一個重複的過程，例如：迴圈（AL）。

8.1.4 九軸體感偵測積木

搭配「九軸體感偵測」積木與「矩陣 LED」積木，還有其他像是「變數」積木、「數學」積木、「邏輯」積木，來完成此實作隨機剪刀石頭布遊戲。

8.1.5 變數積木

變數，是所有程式都會用到的基本元素，使用前會賦予變數一個名稱，接著就可以用這個變數來表示文字、數字、陣列、顏色或邏輯，為什麼要使用變數呢？因為在編輯程式往往會遇到許多「重複」的部分，如果用變數或函式裝載這些重複的部分，就能很簡單的進行「一次性」新增、刪除或修改動作。

變數積木說明如下所示（慶奇科技，2021）。

1. 新增變數

使用變數的第一步，就是「新增一個變數」，打開 Web:Bit 編輯器，將「設定變數為」的積木拖拉到畫面中，下拉選單選擇「新變數」，點選後彈出對話視窗，輸入新變數的名稱即可新增一個變數。

2. 設定變數

在新增的變數後方加上對應的值（值可以是文字、數字、陣列、顏色或邏輯），這個變數就等同於這個值，如果沒有賦予值，這個變數就是空變數。

設定變數表示賦予變數一個值，使用方式和新增變數完全相同，由於程式語言有「後面覆蓋前面」的特性，所以如果變數名稱相同，後面設定的值會覆蓋掉前面設定的值。

3. 重新命名變數

有別於「新增變數」，重新命名變數可以將畫面中所有的變數一次改名。

4. 改變變數

改變變數表示「讓變數的值改變多少」，假設原本變數的值為 1，使用改變變數 1 之後，這個變數就會變成 2，同理，如果使用改變變數 -1，那麼這個變數就會變成 0。

5. 使用變數

新增變數或設定變數完成後，就可以在編輯區中使用變數，例如先設定 a 變數為 1，b 變數為 2，接著就能計算 a + b 或 a 除以 b 之類的數學運算，或透過邏輯判斷 a 和 b 哪個值比較大，當程式邏輯越來越複雜，就得藉由不同

的變數來實作。

8.1.6 數學積木

數學積木包含了許多數學運算，從基本的加減乘除，到四捨五入、平均值、中位數等應有盡有，不論是簡單的程式或複雜應用，都能透過各式各樣的數學運算實現。數學的積木分別有數字、運算式、基礎函式、總和、隨機數和尺度轉換等常用的數學運算式，如下圖所示。

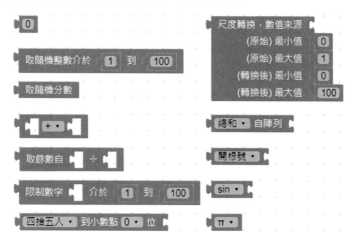

數學積木說明如下所示（慶奇科技，2021）。

1. 指定數字

「指定數字」積木用來讓我們輸入數字，可輸入整數或是帶有小數點的浮點數，很常用於運算式或判斷式。

2. 取得範圍內隨機整數

「取得範圍內隨機整數」積木會指定一個數字範圍，在每次執行這塊積木時，就會從這個數字範圍內取出隨機的整數。

3. 取得隨機分數

「取得隨機分數」積木會在每次執行時，隨機取得一個 0 到 1 之間的浮

點數。

4. 數學運算

「數學運算」積木可以針對數字進行加、減、乘、除和次方五種運算。

5. 取得餘數

「數學運算」積木可以取得兩個數字相除的餘數。

6. 限制數字範圍

「限制數字範圍」積木可以將設定最大值與最小值，並將數字限制在這個指定的範圍內。

7. 四捨五入

「四捨五入」積木可以對帶有浮點數的數字進行四捨五入、無條件捨去或無條件進位三種運算，同時亦可選擇捨去或進位到第幾位小數點。

8. 尺度轉換

「尺度轉換」積木可以將某個尺度區間內的數值，轉換爲另外一個區間尺度對應數值。例如：0.5 爲 0~1 尺度區間的數值，轉換爲 0~100 尺度區間得到的結果就是 50。

9. 陣列運算

「陣列運算」積木能針對以數字組成的陣列，進行加總、取出最小值、取出最大值、計算平均值、取得中位數、取得比較衆數、計算標準差和隨機抽取的計算。

10. 常用數學函數

「常用數學函數」提供常用的數學計算積木，常用數學函數包含以下幾種：開根號、絕對值、負數（-）、對數函數（ln）、log_{10} 函數（log_{10}）、指數函數（e^）和 10 的次方（10^）。

11. 三角函數

「三角函數」積木裡頭提供了兩種三角函數用法，分別是角度（sin、cos、tan）以及徑度（asin、acos、atan），三角函數可以從下拉選單選擇切換。

12. 常數

「常數」積木會表現是一個不會變動的常數數值，常數包含了以下幾種：圓周率（π）、指數（e）、黃金分割率（ϕ）、sqrt（2）、sqrt（½）和無限大（∞）。

8.1.7 單元編輯程式

當猜拳數字是 1 時，LED 矩陣出現的圖案就是紅色的剪刀；當猜拳數字是 2 時，LED 矩陣出現的圖案就是紅色的石頭；猜拳數字是 3 時，LED 矩陣出現的圖案就是紅色的布；猜拳數字是 4 時，LED 矩陣出現的圖案就是紅色的打勾；猜拳數字是 5 時，LED 矩陣出現的圖案就是紅色的星星。

1. 選擇Web:Bit開發板的積木

請選擇開發板的積木，並點選使用模擬器控制，如下圖所示。

2. 選取「九軸體感偵測」積木

選取九軸體感偵測積木中的「如果開發板向左 / 右翻轉，執行」積木，並設定為「向右翻轉」，如下圖所示。

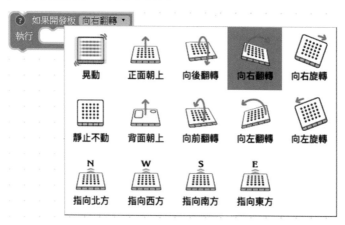

3. 選取「變數」積木

　　選取變數積木中的「設定變數為」積木，並將變數改為「猜拳數字」，
如下圖所示。

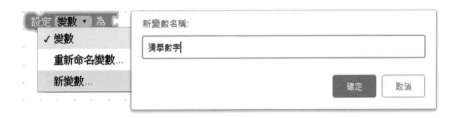

4. 選取「數學」積木

　　選取數學積木中的「取隨機整數介於多少到多少」積木，並設定「取
隨機整數介於 1 到 5」，如下圖所示。

之後請將這個數學積木與上述的變數積木相結合，如下圖所示。

綜合上述開發板積木、變數與隨機整數的積木，結果如下所示。

5. 選取「邏輯」積木與「數學」積木

　　選取邏輯積木中的「如果執行」積木與「判斷條件式」積木，並將判
斷條件式改為等於 1，設定 1 到 5 的數字，最後將變數「猜拳數字」帶入
判斷條件式中，如下圖所示。

將「判斷條件式」積木設為等於（＝）符號，如下圖所示。

填入之前所設定的猜拳數字變數與數學積木數值 1、2、3、4、5，如下圖所示。

接下來將上述的積木結合如果積木，如下圖所示。

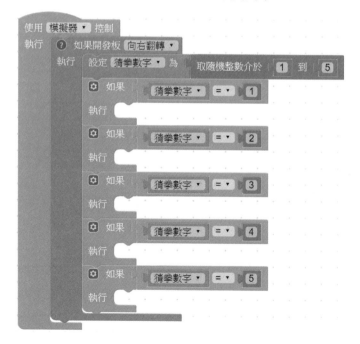

6. 選取「矩陣LED」積木

選取矩陣 LED 積木中的「矩陣 LED 燈光為圖案，燈光顏色」積木，並設定為剪刀、石頭、布、打勾、星星五種圖案，燈光顏色為紅色，如下圖所示。

綜合上述積木實作，結果如下圖所示。

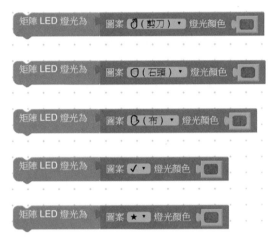

7. 點選執行

　　點選編輯器右上角的執行按鈕,即會當猜拳數字=1時,矩陣 LED 燈光為紅色剪刀,當猜拳數字=2時,矩陣 LED 燈光為紅色石頭,當猜拳數字=3時,矩陣 LED 燈光為紅色布,當猜拳數字=4時,矩陣 LED 燈光為紅色打勾,當猜拳數字=5時,矩陣 LED 燈光為紅色星星,如下圖所示。

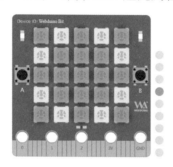

　　此時若考慮將所猜拳數字由綠色小怪獸顯示,該如何修改呢?

☆ 8.2 實作 02:小怪獸邊走路邊發出的聲音

　　將日常生活中我們常會做的事情,像是邊走路邊說話這樣的事情,透過 Web:Bit 中的小怪獸模擬出來,並加入更多多變的音效,也可以自行調整步數與方向,以下將逐步說明如何實作的歷程。

8.2.1 實作內容說明

　　此實作使用「偵測」、「怪獸偵測」、「語音 & 音效」積木的功能來讓小怪獸邊走路邊發出聲音,可以透過偵測鍵盤按鍵來感應各種小怪獸要往哪個方向移動,移動的同時也要發出所指定的音效。此外,學生可以自行設定小怪獸走路的方向與步數、音效來操作小怪獸。

8.2.2 怪獸控制積木

　　Web:Bit 編輯器的怪獸基本控制積木如下,包含綠色怪獸不說話、綠色

怪獸的情緒為開心、綠色怪獸的基層移到最上層、綠色怪獸往上 10 點、當滑鼠點擊綠色怪獸就執行等積木，上述的怪獸控制積木已於第四章中加以說明，請讀者逕自第四章參考操作說明。

8.2.3 偵測積木

偵測積木包括鍵盤行為、日期與時間、對話框輸入文字等三大類的積木，分別說明如下（慶奇科技，2021）。

1. Web:Bit 鍵盤行為

滑鼠和鍵盤是電腦不可或缺的兩大輸入裝置，熟悉了操控鍵盤行為的方式，就可以簡單地將鍵盤轉換為有趣的互動元件，不論是要做成鋼琴鍵盤或遊戲控制器都是輕而易舉，更可以搭配文字的輸入，做出許多意想不到的互動效果。

「偵測鍵盤行為」積木可以偵測電腦鍵盤上大多數的按鍵，偵測方式包含按下與放開兩種。偵測鍵盤行為積木處於隨時偵測的狀態，不需要搭配無限重複迴圈。

2. Web:Bit 日期與時間

日期與時間的積木，可以讀取電腦的日期和時間並在網頁上顯示，可以搭配重複迴圈、開關或鍵盤等行為，做出時鐘、碼表、遊戲計時等趣味應用。

(1) 取得目前日期與時間

「日期」積木能夠取得目前的年、月、日，「時間」積木能夠取得目前的小時、分鐘、秒，小時採用 24 小時計算，如果是下午三點會顯示15。

(2) 時鐘

因為取得日期和時間的積木「只會取得一次」目前的日期時間，所以如果要持續偵測，可以搭配重複迴圈，每一秒偵測一次時間，執行後就能呈現時鐘效果。

(3) 鬧鐘

延伸時鐘的範例，搭配邏輯的積木，執行後就能做到在某個時間點發生提醒的鬧鐘功能。

判斷時間到了之後，可以透過停止重複的積木將時間停止，避免時間繼續顯示。

3. Web:Bit 對話框輸入文字

在 Web:Bit 編輯器中如果使用了「對話框輸入文字」的積木，執行後，在怪獸互動舞台的畫面底部，會出現可以輸入文字的對話框，透過輸入文字就能進一步與開發板或小怪獸互動。

對話框輸入文字的積木有兩種，第一種是「在對話框輸入文字」，執行後會出現用來輸入文字的對話框，第二種是「輸入的文字」，執行後會取得所輸入的文字。

(1) 對話框輸入文字

「對話框輸入文字」積木屬於「執行完成才會繼續執行後方程式」的類型（點擊前方問號小圖示會提示），當編輯畫面中有這塊積木，執行時當程式遇到這塊積木會暫停，直到輸入文字後才會再繼續。

(2) 取得輸入的文字

「輸入的文字」積木一律都放在「對話框輸入文字」積木之後，會取得輸入的文字。

(3) 重複輸入文字

搭配無限重複的迴圈，就能出現「不斷輸入文字」的情形。

(4) 一問一答

透過輸入文字的方式，能夠輕鬆實現「一問一答」的效果，在輸入文字積木之前擺放小怪獸詢問姓名的文字，執行後會停留在輸入文字的階段，輸入文字之後透過建立字串積木，讓小怪獸說出「XXX 你好」的文字組合。

8.2.4 單元編輯程式

以下為本實作操作的步驟。

1. 選擇Web:Bit開發板的積木

請選擇開發板的積木,並點選使用模擬器控制,如下圖所示。

2. 選取偵測積木

選取偵測積木中的「當鍵盤按下 / 放開 A/B ,執行」積木,並分別設定四隻怪獸為當鍵盤按下上 / 下 / 左 / 右,如下圖所示。

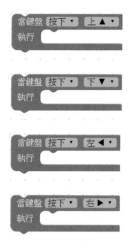

3. 選取「怪獸控制」積木

選取怪獸控制積木中的「怪獸往上 / 下 / 左 / 右移動點數」積木,並設定綠色怪獸往上、紅色怪獸往下、藍色怪獸往左、黃色怪獸往右,所有怪獸都移動 10 點,如下圖所示。

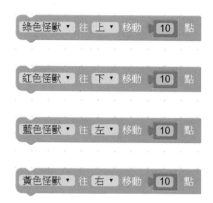

結合上述的鍵盤偵測積木，如下圖所示。

4. 選取「語音&音效」積木

選取語音＆音效積木中的「播放人聲音效」積木，並分別設定四隻怪獸的人聲音效。

　　（1）「綠色怪獸」搭配的人聲音效為「打噴嚏」。

　　（2）「紅色怪獸」搭配的人聲音效為「笑聲」。

　　（3）「藍色怪獸」搭配的人聲音效為「咳嗽」。

　　（4）「黃色怪獸」搭配的人聲音效為「鼓掌」。

如下圖所示。

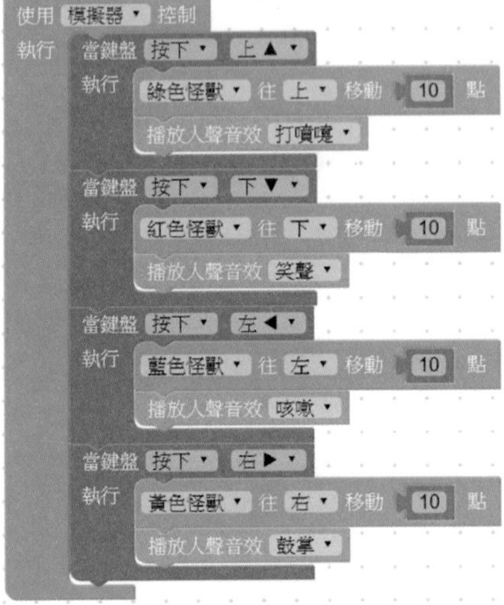

5. 選取「重複」積木

選取重複積木中的重複無限次的積木，並結合上述的積木，結果如下圖所示。

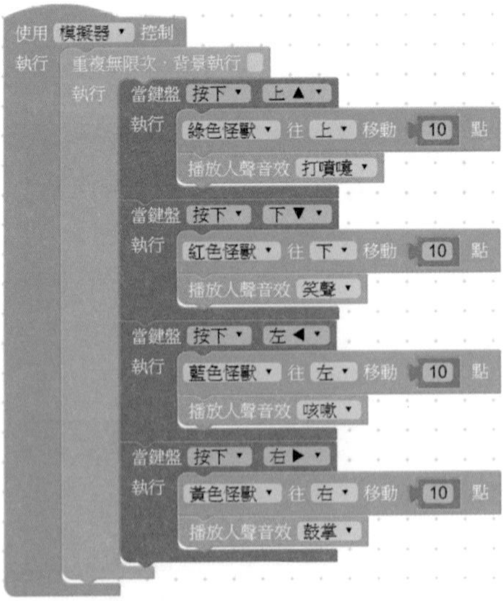

6.點選執行

點選編輯器右上角的執行按鈕，即可利用鍵盤來控制小怪獸的移動並且產生相對應的聲響，結果如下圖所示。

☆ 8.3 實作 03：小怪獸與滑鼠互動控制聲音

利用滑鼠接觸的原理，讓被滑鼠碰到的綠色怪獸可以說出中文的您好，並設定滑鼠離開綠色怪獸時，其他怪獸可以依序發出人聲音效。

8.3.1 實作內容說明

此實作結合怪獸控制和語音＆音效這兩類積木，怪獸控制積木中使用滑鼠接觸積木與怪獸改變面朝角度積木，此外，語音＆音效積木中使用了朗讀文字音效與播放人聲音效積木，同學們可以試著在兩類積木中，互相搭配使用。

8.3.2 單元編輯程式

當滑鼠接觸到綠色怪獸，碰到時會執行朗讀中文您好，離開時，執行藍色怪獸會面朝 90 度播放打噴嚏聲。

1.選擇Web:Bit開發板的積木

請選擇開發板的積木，並點選使用模擬器控制，如下圖所示。

2. 選取怪獸偵測積木

選取怪獸偵測積木中的「當滑鼠接觸」積木，並設定為當滑鼠接觸綠色怪獸，如下圖所示。

3. 選取怪獸控制積木

選取小怪獸說的積木，選擇綠色怪獸，並輸入「您好」。

選取怪獸控制積木中的「怪獸面朝幾度」積木與「語音 & 音效」積木藍色怪獸面朝 90 度，播放人聲音效為打噴嚏，如下圖所示。

整合上述的積木，結果如下圖所示。

4. 點選執行

點選編輯器右上角的執行按鈕，即可發現當滑鼠接觸綠色怪獸時，會出現您好的訊息，而離開綠色怪獸時，則藍色怪獸會面朝 90 度，並且出現打噴嚏的聲音，結果如下圖所示。

8.4　實作 04：小怪獸表示文字取代的功能

利用簡單的文字積木，將想取代的部分文字輸入積木中，就可以取代所輸入的部分文字，也可以指定要取代的是第一個或是全部的文字。

8.4.1　實作內容說明

此實作利用文字積木與變數積木做結合，並讓小怪獸說出最後的結果，學生可以多多嘗試文字積木中的各種積木，會發現文字積木可以跟其他類積木做搭配使用，實作步驟如下所示。

8.4.2　單元編輯程式

1. 選擇 Web:Bit 開發板的積木

請選擇開發板的積木，並點選使用模擬器控制，如下圖所示。

2. 選取變數、怪獸控制、文字積木

首先選取變數，命名新變數為文具，並且設定文具積木中的指定文字，為鉛筆、橡皮擦、墊板、尺、鉛筆、原子筆，如下圖所示。

設定　文具 ▾ 為 　“ 鉛筆、橡皮擦、墊板、尺、鉛筆、原子筆 ”

另外再選取怪獸控制中的怪獸說，文字內容則是從文字積木選擇取代文字，並將文具放入變數的地方，填入鉛筆取代為修正帶，分別是文具的

第一個與全部，再結合怪獸說的積木，如下圖所示。

綜合上述的積木，結果如下圖所示。

3.點選執行

　　點選編輯器右上角的執行按鈕，即可發現綠色怪獸所說的文具內容是將第一個鉛筆修改為修正帶，至於後面的鉛筆則未取代，至於黃色怪獸所說的文具則是將所有的鉛筆取代為修正帶了，結果如下圖所示。

修正帶、橡皮擦、墊板、尺、鉛筆、原子筆

修正帶、橡皮擦、墊板、尺、修正帶、原子筆

　　此章節為綜合運用，希望學生在此章節可以重新複習重要觀念，並且也能將實作練習的程式順利完成，創作出更多有創意的想法，撰寫程式並發展出來。

習題

　01. 小怪獸一邊移動，一邊改變情緒。

　02. 當溫度超過40度時，LED點矩陣閃爍紅光。

參 考 文 獻

教育部（2019）。十二年國民基本教育課程綱要。台北市：教育部。

慶奇科技（2021）。**Web:Bit教學手冊**。2021/01/01資料取自https://webbit.
webduino.io/tutorials/doc/zh-tw/education/

Barr, V. & Stephenson, C.（2011）. Bringing computational thinking to K-12: what
is Involved and what is the role of the computer science education community?.
ACM Inroads, 2, 48-54.

Kivunja, C.（2015）. Exploring the Pedagogical Meaning and Implications
of the 4Cs "Super Skills" for the 21st Century through Bruner's 5E Lenses
of Knowledge Construction to Improve Pedagogies of the New Learning
Paradigm. *Creative Education, 6*, 224-239.

Wing, J. M.（2006）. Computational thinking. *Communications of the ACM, 49*.
33-35.

Wing, J. M.（2008）. Computational thinking and thinking about computing.
Philosophical Transactions of The Royal Society, 366, 3717-3725.

1HAK　財金時間序列分析：使用R語言（附光碟）

作　　者：林進益

定　　價：590元

I S B N：978-957-763-760-4

為實作派的你而寫──翻開本書，即刻上手！
◆ 情境式學習，提供完整程式語言，對照參考不出錯。
◆ 多種程式碼撰寫範例，臨陣套用、現學現賣
◆ 除了適合大學部或研究所的「時間序列分析」、「計量經濟學」
　　或「應用統計」等課程；搭配貼心解說的「附錄」使用，也適合
　　從零開始的讀者自修。

1H1N　衍生性金融商品：使用R語言（附光碟）

作　　者：林進益

定　　價：850元

I S B N：978-957-763-110-7

不認識衍生性金融商品，就不了解當代財務管理與金融市場的運作
◆ 本書內容包含基礎導論、選擇權交易策略、遠期與期貨交易、二
　　項式定價模型、BSM模型、蒙地卡羅方法、美式選擇權、新奇選
　　擇權、利率與利率交換和利率模型。
◆ 以 R 語言介紹，由初學者角度編撰，避開繁雜數學式，是一本能
　　看懂能操作的實用工具書。

1H2B　Python程式設計入門與應用：運算思維的提昇與修練

作　　者：陳新豐

定　　價：450元

I S B N：978-957-763-298-2

◆ 以初學者學習面撰寫，內容淺顯易懂，從「運算思維」說明程式
　　設計的策略。
◆ 「Python 程式設計」說明搭配實地操作，增進運算思維的能力
　　並引領讀者運用 Python 開發專題。
◆ 內容包括視覺化、人機互動、YouTube 影片下載器、音樂 MP
　　播放器與試題分析等，具備基礎的程式設計者，可獲得許多啟

1H2C　EXCEL和基礎統計分析

作　　者：王春和、唐麗英

定　　價：450元

I S B N：978-957-763-355-2

◆ 人人都有的EXCEL＋超詳細步驟教學＝高CP值學會統計分析。
◆ 專業理論深入淺出，搭配實例整合說明，從報表製作到讀懂，
　　一次到位。
◆ 完整的步驟操作圖，解析報表眉角，讓你盯著螢幕不再霧煞煞
◆ 本書專攻基礎統計技巧，讓你掌握資料分析力，在大數據時代
　　脫穎而出。

1H1P 人工智慧(AI)與貝葉斯(Bayesian)迴歸的整合：應用STaTa分析（附光碟）

作　者：張紹勳、張任坊

定　價：980元

I S B N：978-957-763-221-0

◆ 國內第一本解說 STaTa ——多達 45 種貝葉斯迴歸分析運用的教科書。
◆ STaTa+AI+Bayesian 超強組合，接軌世界趨勢，讓您躋身大數據時代先驅。
◆ 結合「理論、方法、統計」，讓讀者能精準使用 Bayesian 迴歸。
◆ 結內文包含大量圖片示意，配合隨書光碟資料檔，實地演練，學習更有效率。

1HA4 統計分析與R

作　者：陳正昌、賈俊平

定　價：650元

I S B N：978-957-763-663-8

正逐步成為量化研究分析主流的 R 語言
◆ 開章扼要提點各種統計方法適用情境，強調基本假定，避免誤用工具。
◆ 內容涵蓋多數的單變量統計方法，以及常用的多變量分析技術。
◆ 可供基礎統計學及進階統計學教學之用。

1HA6 統計學：基於R的應用

作　者：賈俊平

審　定：陳正昌

定　價：580元

I S B N：978-957-11-8796-9

統計學是一門資料分析學科，廣泛應用於生產、生活和科學研究各領域。
◆ 強調統計思維和方法應用，以實際案例引導學習目標。
◆ 使用 R 完成計算和分析，透徹瞭解R語言的功能和特點。
◆ 注重統計方法之間的邏輯，以圖解方式展示各章內容，清楚掌握全貌。

1H2F Python數據分析基礎：包含數據挖掘和機器學習

作　者：阮敬

定　價：680元

I S B N：978-957-763-446-7

從統計學出發，最實用的 Python 工具書。
◆ 全書基於 Python3.6.4 編寫，兼容性高，為業界普遍使用之版本。
◆ 以簡明文字闡述替代複雜公式推導，力求降低學習門檻。
◆ 包含 AI 領域熱門的深度學習、神經網路及統計思維的數據分析，洞察市場先機。

國家圖書館出版品預行編目資料

運算思維與程式設計：Web:Bit／陳新豐著.
-- 初版. -- 臺北市 ： 五南圖書出版股份有
限公司, 2021.04
　面；　公分.

ISBN 978-986-522-591-9（平裝）

1.電路 2.電腦程式 3.電腦輔助設計

471.54　　　　　　　　110003982

1HOY

運算思維與程式設計：Web:Bit

作　　者 ― 陳新豐

發 行 人 ― 楊榮川

總 經 理 ― 楊士清

總 編 輯 ― 楊秀麗

主　　編 ― 侯家嵐

責任編輯 ― 鄭乃甄

文字校對 ― 黃志誠

封面設計 ― 王麗娟

出 版 者 ― 五南圖書出版股份有限公司

地　　址：106台北市大安區和平東路二段339號4樓

電　　話：(02)2705-5066　　傳　　真：(02)2706-6100

網　　址：https://www.wunan.com.tw

電子郵件：wunan@wunan.com.tw

劃撥帳號：01068953

戶　　名：五南圖書出版股份有限公司

法律顧問　林勝安律師事務所　林勝安律師

出版日期　2021年4月初版一刷

定　　價　新臺幣280元

經典永恆・名著常在

五十週年的獻禮 —— 經典名著文庫

五南，五十年了，半個世紀，人生旅程的一大半，走過來了。
思索著，邁向百年的未來歷程，能為知識界、文化學術界作些什麼？
在速食文化的生態下，有什麼值得讓人雋永品味的？

歷代經典・當今名著，經過時間的洗禮，千錘百鍊，流傳至今，光芒耀人；
不僅使我們能領悟前人的智慧，同時也增深加廣我們思考的深度與視野。
我們決心投入巨資，有計畫的系統梳選，成立「經典名著文庫」，
希望收入古今中外思想性的、充滿睿智與獨見的經典、名著。
這是一項理想性的、永續性的巨大出版工程。
不在意讀者的眾寡，只考慮它的學術價值，力求完整展現先哲思想的軌跡；
為知識界開啟一片智慧之窗，營造一座百花綻放的世界文明公園，
任君遨遊、取菁吸蜜、嘉惠學子！

經典永恆・名著常在

五十週年的獻禮──經典名著文庫

五南，五十年了，半個世紀，人生旅程的一大半，走過來了。

思索著，邁向百年的未來歷程，能為知識界、文化學術界作些什麼？

在速食文化的生態下，有什麼值得讓人雋永品味的？

歷代經典・當今名著，經過時間的洗禮，千錘百鍊，流傳至今，光芒耀人；

不僅使我們能領悟前人的智慧，同時也增深加廣我們思考的深度與視野。

我們決心投入巨資，有計畫的系統梳選，成立「經典名著文庫」，

希望收入古今中外思想性的、充滿睿智與獨見的經典、名著。

這是一項理想性的、永續性的巨大出版工程。

不在意讀者的眾寡，只考慮它的學術價值，力求完整展現先哲思想的軌跡；

為知識界開啟一片智慧之窗，營造一座百花綻放的世界文明公園，

任君遨遊、取菁吸蜜、嘉惠學子！